# 计算机技术与大数据应用

李 振 周冠亚 张 睿 著

H.P.H 哈尔滨出版社
HARBIN PUBLISHING HOUSE

图书在版编目（CIP）数据

计算机技术与大数据应用 / 李振，周冠亚，张睿著
. -- 哈尔滨 : 哈尔滨出版社，2024.1
ISBN 978-7-5484-7442-5

Ⅰ. ①计… Ⅱ. ①李… ②周… ③张… Ⅲ. ①计算机技术②数据处理 Ⅳ. ①TP3 ②TP274

中国国家版本馆 CIP 数据核字（2023）第 138973 号

书　　名：计算机技术与大数据应用
JISUANJI JISHU YU DASHUJU YINGYONG

作　　者：李　振　周冠亚　张　睿　著
责任编辑：韩伟锋
封面设计：张　华

出版发行：哈尔滨出版社（Harbin Publishing House）
社　　址：哈尔滨市香坊区泰山路 82-9 号　邮编：150090
经　　销：全国新华书店
印　　刷：廊坊市广阳区九洲印刷厂
网　　址：www.hrbcbs.com
E - mail：hrbcbs@yeah.net
编辑版权热线：（0451）87900271　87900272

开　　本：787mm×1092mm　1/16　印张：11.5　字数：250 千字
版　　次：2024 年 1 月第 1 版
印　　次：2024 年 1 月第 1 次印刷
书　　号：ISBN 978-7-5484-7442-5
定　　价：76.00 元

# 前　言

在信息时代，计算机网络的发展水平不仅反映一个国家的计算机科学和通信技术水平，也是衡量一个国家的国力和现代化水平的重要标志之一。计算机网络已经成为人们社会生活中不可缺少的一部分，并从根本上改变了人们的工作、生活和思维方式。掌握计算机网络基础知识，已经成为人们通向成功所必备的基本素质之一。

互联网和信息技术的迅速发展与普及，标志着数据技术时代的来临。人们生活在一个充满数据的世界里，信息数据量正呈指数增长，通过挖掘和处理海量数据，可以获得其背后隐藏的巨大价值，从而促进相关应用服务的细分化和精准化。因此，如何使用大数据，如何在垂直领域深度应用大数据，已经成为国内外科技领域关注和研究的焦点。

本书主要就计算机技术以及大数据相关内容展开详细论述，由于编者水平有限，错误在所难免，对于本书的错漏之处，期望各位专家学者和同仁不吝赐教，我们及时改进。

# 目　录

# 第一章　计算机网络应用基础

## 第一节　计算机网络基础知识

### 一、计算机网络定义及其功能

将分布在不同地理位置上的具有独立功能的多台计算机系统用通信线路和通信设备连接起来，再配以相应的支撑软件，以实现计算机之间的相互通信、资源共享的系统，称为计算机网络。计算机网络是计算机技术和通信技术相结合的产物。

计算机网络的应用十分广泛，邮局传送电子邮件，联网购买火车票、飞机票，网上购物，ATM 机上取款，POS 终端刷卡，网上视频点播等，我们的生活已经离不开计算机网络了。计算机网络最基本的功能是实现相互通信、资源共享。随着网络技术的发展和社会的进步，计算机网络会有更多用途。具体地说，计算机网络有以下主要功能：

#### （一）实现计算机之间的通信

不同地点的计算机通过网络相互传输数据，这是计算机网络的基础。

#### （二）资源共享

· 硬件资源的共享：如网络用户共享打印机、磁盘阵列、磁带库、光驱等。

·软件资源的共享：如网上联机考试软件、网上办公软件，只需把有关程序（脚本）放置在服务器上，即可从网上任意一台计算机上以网页方式使用它。

· 数据资源的共享：如客户端程序可通过 ODBC、JDBC 等方式共享网络访问服务器上的数据库或文件。

### （三）提高计算机系统的可靠性和可用性

在网络中配置主、备服务器，当主服务器出现故障时，可启用备份服务器，从而提高计算机系统的可靠性和可用性。

### （四）提供分布式处理环境

通过网络将不同的任务分布到不同的计算机上分散处理，这对需要大量计算的科学研究尤其重要。

### （五）集中管理与处理

银行储蓄系统、飞机订票系统、水文监测系统等都是集中管理与处理的，所有的数据都存放在控制中心，所有的操作都由控制中心审计，以满足联网处理的需要。

## 二、计算机网络的分类

计算机网络的分类有多种方法，人们通常按地域、用途等对网络进行分类。

### （一）按地域（或覆盖范围）划分

· 局域网（LAN）：覆盖范围为几米到几千米，常用光纤、同轴电缆或双绞线作为通信线路，数据传输率高（通常为 10M / 100M / 1000M），通常为一个单位或部门所拥有，如机房内的教学网、企业内部网等。

· 广域网（WAN）：覆盖范围在几十米到几万千米，借用电话网、微波、通信卫星等实现通信。它的数据传输率一般没有局域网高（常见的有 56Kbit/s、64Kbit/s、128Kbit/s、2Mbit/s 等），通常为一个大的社会机构或单位所拥有，如银行的全国联网、中国邮政的计算机网等。其中，人们又通常把覆盖范围为一个城市的广域网称为城域网（MAN）。

· 互联网（Internet）：利用网络互联设备将世界各地的各种局域网、广域网互联起来，使全世界的计算机网络连成一片，这种系统总称为互联网。它是一个泛称，不为某一个机构所拥有，而是由世界各地的几大互联网信息中心分片维护和管理。人们通常所说的上网即指登录互联网。

### （二）按用途划分

· 公用网：由社会公众服务单位组建、运行、维护并对公众开放的网络，如中国电信的 ChinaNet 网，它们常被用于为社会公众提供有偿服务。

· 专用网：由某个单位或集团自主组建或租用的网络，仅供本单位及其会员使用，它对接入的计算机有严格的限定，非单位授权不能使用，如证券交易网。

## 三、计算机网络的组成

计算机网络通常由一台或多台网络服务器（主节点）、网络交换设备、若干台计算机（节点）通过传输介质连接在一起，在服务器和计算机中安装相应的网络操作系统，配置相应的网络协议而组成。

### （一）网络服务器

一个计算机网络至少要有一台网络服务器，网络服务器负责提供并管理网络资源，为客户机提供服务。人们通常把一台较高档的计算机作为网络服务器，在服务器上安装网络操作系统，配置好与其他计算机相连的通信协议。当前常见的网络操作系统有 Sun 的 Solaris、IBM 的 AIX、SCO 公司的 SCO-Unix、HP 公司的 HP-Unix、Microsoft 的 Windows Server、Novell 公司的 Netware、自由软件 Linux 等。

### （二）网络交换设备

常见的网络交换设备有网络适配器（俗称网卡）、集线器（HUB）、交换机、路由器、调制解调器（Modem）、ISDN 卡、ASDL 设备等，它们的作用主要是提供数据交换。

### （三）传输介质

传输介质分有线和无线两种，常用的有线传输介质有光纤、同轴电缆、双绞线、电话线等;无线传输介质有微波、红外线、无线电等。它们适用于不同的环境，有着不同的用途：有线传输介质适用于易布线的环境；无线传输介质适用于距离远又不易布线的环境。传输介质不同或者交换设备不同,传输的速率会有所不同。通常情况下，有线传输介质的传输速率由高到低依次为光纤、同轴电缆、双绞线、电话线，它们的价格也是由高到低。目前，由于双绞线具有低成本、使用方便等优点，使用非常广泛。

### （四）网络协议

除了有相应的硬件设备外，网络中的计算机只有使用相同的协议才能相互通信。常用的通信协议有 NetBEUI、IPX/SPX、TCP/IP 等，其中 NetBEUI（NetBIOS 扩展用户接口）适用于小型工作组或 LAN，它是不可路由的，该协议所需的唯一配置是计算机名称；IPX/SPX（网际数据包交换和顺序数据包交换）是与 Novell Net Ware 网络相连的最常用的协议，它是可路由的；TCP/IP 应用于跨越局域网和广域网环境的大规模互联网络设计，它是可路由的，与互联网相连的计算机系统必须安装 TCP/IP 协议。

### （五）安全设备

根据计算机网络的安全需求等级来选配，如防火墙、保密系统等。

### （六）资源设备

根据计算机网络系统的具体应用来选配，如数据库服务器、共享打印机、存储设备等。

## 四、计算机网络的拓扑结构

计算机网络的拓扑结构分为五种基本类型：总线形、星形、环形、树形和网状形，实际上的网络结构可能是它们中某几种的混合类型。

## 五、Internet 相关知识

### （一）上网前的准备

#### 1. 单机用户

总机用户要与 Internet 相连，除了要有上网设备（如 Modem、ISDN 终端、ADSL 设备）外，还要设置好操作系统中的连接信息，要有相应的软件（如 Explorer 或 Netscape），并且要向 Internet 服务商申请相应的服务（如 WWW 服务、E-Mail 服务等）。

目前几大电信运营商已推出了多种上网方式，如小区宽带、ADSL 拨号上网、电话上网等，其中网内用户无须申请即可拨号上网，如中国电信市话用户上中国电信网，把上网电话号码、账户、密码全部设为 16300 即可。

2. 局域网用户

如果用户所在的局域网已用 DDN 专线、ADSL 等方式与 Internet 相连，则网内用户可通过网关方式共享同一线路上网。设置方法为：打开“网络连接”，右击要配置的局域网连接（一般为“本地连接”）选“属性”，从“常规”选项卡上选指定网卡的 Internet 协议（TCP / IP）的属性。选“默认网关”，按公司网络管理员的规定设置 IP 地址和网关即可。

【注意】局域网中网关就像内部与外部的一个桥梁，它把内外网络连成一体，可以用硬件的方式实现（如大家常用的家用路由器），也可用软件的方式实现（如启用 Windows 的网络连接共享服务、Wingate 等）。

## （二）服务内容

Internet 是跨越全球的网络，Internet 上的服务非常多，并且不断出现新的应用，应有尽有，其中最基本、最主要的服务包括 WWW（World Wide Web 的简称，国内称为万维网）服务、电子邮件（E-mail）服务、FTP（File Transfer Protocol，文件传输协议）服务等。

1.WWW 服务

WWW 是基于 HTML 的、方便用户在 Internet 上搜索和浏览信息的信息服务系统。它将位于全世界 Internet 上不同地点的相关数据有机组织在一起，用户只要提出查询要求，WWW 服务就自动到相应计算机上查找有关内容并返回结果，它的表现形式主要为网页。WWW 服务使用 HTTP 协议（Hyper Text Transfer Protocol，超文本传输协议）把用户的计算机与 WWW 服务器相连。浏览器访问 WWW 的方式通常为：HTTP：//WWW. 域名，如 http：//www.ibm.com，其中 http 代表使用 HTTP 超文本传输协议。

2. 电子邮件服务

电子邮箱是通过网络电子邮局为网络客户提供的网络交流信息空间，它实际上是邮件服务器硬盘上的一块区域。邮件服务器具有存储和收发电子信息的功能，是互联网中最重要的信息交流工具。电子邮件地址格式：用户名@邮件服务器地址（@读 at），如 xxx @ sohu.com，yyy @ hotmail.com 等。通常发送邮件用 SMTP 协议，接收邮件用 POP 或 POP3 协议。发送邮件时，邮件将先被送到邮件服务器，再被送到收件人的电子邮箱中。

使用电子邮件程序，可以在同事朋友间收发信息，即使收件人不在线上，也可以给他发送电子邮件，并且可以一次同时给多个人发送电子邮件。

【注意】电子邮件必须先申请才能使用，拥有它可能还要缴纳一定的费用（当然也有很多免费邮件服务，但也要先申请注册）。

3.FTP 服务

FTP 服务的主要功能是在计算机之间传输文件，即允许用户将本地计算机上的文件上传到服务器，也允许用户将服务器上的文件下载到本地的计算机。在 Internet 网上可通过 FTP 服务传送所有类型的文件，如文本文件、图像文件、声音文件、压缩数据文件等。一般浏览器中用匿名方式访问 FTP 的格式为：FTP：//FTP 服务器地址，如 ftp：//ftp.microsoft.com，其中 ftp 代表使用 FTP 协议。

【注意】用户必须使用合法的用户名和密码才能进行文件传输。现在大多数 FTP 服务器采用一种简化的 FTP 协议——匿名 FTP 服务，任何用户都可用 annoymous 用户名（匿名用户，无密码）与 FTP 服务器相连。匿名 FTP 服务是一种共享文件和分发文件的有效途径。

4. 目前公众熟知的服务内容

目前提供 Internet 服务的公司有很多，比较大的公司基本上提供以上的服务，一般提供的内容主要有新闻、产品介绍、内容搜索、网上办公等。此外，靠网络生存的公司还提供短信、邮件、娱乐、聊天、音乐下载、网上交易等服务。

### （三）相关术语

· 数据传输率：这是表示数据传输设备（如 Modem）传输数据的速度，用每秒传输的位数（bit/s）表示，通常一个字符由 7、8、10 或 11 位组成（根据情况而定）。在计算机网络中，描述网络性能的一个重要指标就是数据传输率，数据传输率越高，网络性能越好。

· TCP/IP 协议：这是指传输控制协议（Transmission Control Protocol）/ 网际（Internet Protocol）协议，它是网络中连接计算机的一组标准协议。TCP 协议负责处理信息的细节，IP 协议提供使用和寻址计算机的方法。TCP/IP 为跨越局域网和广域网环境的大规模互联网络而设计。

· HTML：这是超文本标记语言（HyPerText Markup Language），按照它的

规则书写的文档（ASCII 文件），在用户浏览器上就成为了浏览画面（网页），这些文档可以从一个操作平台移植到另一个操作平台。

· IP 地址：这是用于标记网络节点的 32 位地址（4 个字节，第 1 个字节取值 1~223，余下 3 个字节取值 0~255），该地址由网络标识符和主机标识符组成。IP 地址一般用带点的十进制数表示，每个十进制数间用圆点隔开，如 61.128.128.68 就是一个 WWW 服务器的 IP 地址。

IP 地址分为动态 IP 地址和静态 IP 地址两种。动态 IP 地址是指每次上网所取得的不同的地址（由服务器分配），而静态 IP 地址是指每次上网均为同样固定的地址。

在 LAN 中，IP 地址一般由网络管理员分配，也可由服务器动态分配。连接 Internet 计算机的 IP 地址主要由 ISP 的网络系统动态分配，也可通过定期维护管理向网络运营商申请静态 IP 地址。每台连入 Internet 的计算机必须指定唯一的 IP 地址，一台计算机可有多个 IP 地址。

【注意】目前 IP 地址有 IPv4 和 IPv6 两个版本，IPv4 为当前所使用的版本（4 个字节表示一个 IP 地址），IPv6 正在测试推广中（6 个字节表示一个 IP 地址）。它们的主要区别在于表示地址的字节数不一样。发展 IPv6 的目的在于 IPv4 的地址不够用，而 IPv6 具有特别多的地址，多到几乎可以用它给地球上的每一粒沙子分配一个 IP 地址。

· ISP：这是指 Internet 服务提供商（Internet Service Provider），它是为公众提供 Internet 接入服务的公司，如中国电信、中国网通。当用户与 ISP 签订合同时，将得到拨入号码、用户名、密码、收费标准等信息。

一般而言，ISP 的服务是有偿服务，多采用包月、包时长或按时长计费。

· ICP：这是指 Internet 服务内容提供商（Internet Content Provider），如搜狐公司、新浪公司，他们提供公众在网上看的内容。

· ISDN：这是指综合业务数字网（Integrated Service Digital Network）。它利用公众电话网向用户提供端对端的数字信道连接，用来承载包括语音和非语音在内的各种电信业务。现在普遍开放的 ISDN 业务为 N-ISDN，即窄带 ISDN，常见速率为 64Kbit/s。ISDN 基于现有的公众电话网，凡是普通电话覆盖到的地方，只要电话交换机有 ISDN 功能模块，即可为用户提供 ISDN 业务。ISDN 业务的种类繁多，包括普通电话、联网、可视电话等基本业务及主叫号码显示等许多补充业务。ISDN 曾经红火，现在则正在被 ADSL 或者小区宽带等取代。

·ADSL：这是指非对称用户数字线接入。作为 Modem 技术的更新替代技术，可以在普通模拟电话线上达到下行 8Mbit/s、上行 1Mbit/s 的传输速度。ADSL 的技术标准出台于 1997 年，它较充足的带宽可用于传输多种宽带数据业务，如会议电视、VOD、HDTV 业务等。而且，下行速率大于上行速率，非常符合普通用户联网的实际需要。由于使用了独特的信号调制技术，用户接入 ADSL 的同时仍然可以使用电话服务。

· 域名：IP 地址的符号形式。域名是互联网的基础，在此之上可以提供 WWW、E-mail、FTP 等应用服务。

在 LAN 中，域名由网络管理员定义，一般说来，同一个域的用户才能共享系统资源。

在 Internet 中，域名内有关互联网络管理部门管理，它必须对应一个固定的 IP 地址，但一个 IP 地址可以对应多个域名，域名到 IP 地址的转换是由域名解析系统（DNS）完成的。中文域名是指含有中文文字的域名。

域名的形式：域名是 Internet 上一个服务器的名字，在全世界没有重复的域名。域名的形式是以若干个英文字母（包括中文字母）和数字组成，由“.”分隔成几部分。例如：ibm.com（IBM 公司的域名）；Whitehouse.net（美国白宫的域名）、worldbank.org（世界银行的域名）、tsinghua.edu.cn（清华大学的域名）等。

域名最后的部分为顶级域（如 .com、.net、.org、.cn 等），它由国际互联网络信息中心（Internet）负责管理和分配，它的划分采用了两种模式：组织模式和地理模式。

组织模式的域名如：

.AC——科研机构　.COM——工、商、金融等企业　.EDU——教育机构

.GOV——政府部门 .ORG——各种非营利性的组织　.MIL——军事部门

.NET——互联网络、接入网络的信息中心（NIC）和运行中心（NOC）

地理模式是按国家（地区）划分的，每个申请加入 Internet 的国家（地区）都作为一个顶级域，如 uk 代表英国，cn 代表中国，hk 代表中国香港，tw 代表中国台湾，jp 代表日本。由于美国是 Internet 的起源国，它就直接使用组织模式，

后面不跟国别代码。

组织模式和地理模式今后可能还会推出新的内容。另外，在顶级域之下还可划分二级域名，二级域名由二级域名管理机构管理分配，二级域名之下还可划分多级，由下一级管理机构管理分配。

单位或个人要想拥有域名就要先注册，注册成功后方可正式使用，而注册和拥有是要付费的。

### （四）我国的互联网络域名体系

我国互联网络域名体系中，各级域名可以由字母（A~Z，a~z，大小写等价）、数字（0~9）、连接符（-）或汉字组成，各级域名之间用实点（.）连接，中文域名的各级域名之间用实点或中文句号（。）连接。

我国互联网络域名体系中在顶级域名“CN”之外暂设“中国”“公司”“网络”3个中文顶级域名。顶级域名CN之下，预先设置“类别域名”“行政区域名”两类英文二级域名。

我国设置的“类别域名”有6个，分别为：

AC——适用于科研机构　COM——适用于工、商、金融等企业

EDU——适用于中国的教育机构　GOV——适用于中国的政府机构

NET——适用于提供互联网络服务的机构

ORG——适用于非营利性的组织

设置“行政区域名”34个，适用于我国的各省、自治区、直辖市、特别行政区的组织，分别为：

BJ——北京市　SH——上海市　TJ——天津市

CQ——重庆市　HE——河北省　SX——山西省

NM——内蒙古自治区　LN——辽宁省　JL——吉林省

HL——黑龙江省　JS——江苏省　ZJ——浙江省

AH——安徽省　FJ——福建省　JX——江西省

SD——山东省　HA——河南省　HB——湖北省

HN——湖南省　GD——广东省　GX——广西壮族自治区

HI——海南省　SC——四川省　GZ——贵州省

YN——云南省　XZ——西藏自治区　SN——陕西省

GS——甘肃省　QH——青海省　NX——宁夏回族自治区

XJ——新疆维吾尔自治区　TW——台湾　HK——香港特别行政区

MO——澳门特别行政区

### （五）我国的域名管理体系

在我国，域名的注册由中国互联网络信息中心（CNNIC）管理（http//www.cnnic.net.cn）。中国互联网络信息中心（CNNIC）是成立于1997年6月3日的非营利管理与服务机构，行使国家互联网络信息中心的职责。

根据信息产业部《关于中国互联网络域名体系的公告》（信部电〔2002〕555号）规定，单位或个人申请注册域名可向经过CNNIC认证的域名注册服务机构直接申请（在此以前须向CNNIC申请），CN域名、中文域名产生的纠纷可以通过CNNIC授权的域名争议解决机构解决。

### （六）互联网域名注册管理与服务体系

互联网域名注册管理与服务体系是层次化的结构，可以分为以下几层：域名管理机构、域名注册管理机构、域名注册服务机构和域名注册代理机构等。

域名注册管理机构：是指负责运行、维护和管理一个或多个顶级域名，并负责管理这些顶级域名以下各级域名注册服务的管理机构。CN域名和中文域名的注册管理机构是中国互联网络信息中心（CNNIC）。

域名注册服务机构：也称为注册商，是指受理审核域名注册申请，完成域名在域名数据库中注册的服务机构。

域名注册代理机构：是指在注册服务机构授权范围内代为接受域名注册申请的机构。

域名争议解决机构：是指经由中国互联网络信息中心认可与授权，负责解决中国互联网络域名争议的民间专业机构。

· 网址：网址对应网站域名，一个完整网址范例如下：http ://www.china.com，对应于这个网站的域名则是china.com。人们建立一个提供WWW服务的主机后以域名来为其命名，此时，这台电机的名字称为WWW.域名。当访问者要访问这台主机时，浏览器会以指定的HTTP协议向主机发出数据请求。网址在IE中又被称为地址。

·搜索引擎：网站提供的一种满足大众在 Internet 上检索信息的工具。Internet发展初期，网站相对较少，信息查找比较容易。随着Internet的爆发性发展，网上信息越来越多，普通用户想找到所需要的资料如同大海捞针，为满足大众信息检索的需求，搜索引擎由此而生。使用方法：用户进入搜索引擎主页后，只需输入信息的关键词，网站便会返回许多相关网页信息供用户参考选择。著名的搜索引擎有 Yahoo（雅虎）、Google（谷歌）及 Baidu（百度）等。

目前的搜索引擎并不真正搜索互联网，它搜索的实际是预先整理好的网页索引数据库；搜索引擎也不能真正理解网页上的内容，它只能机械地匹配网页上的文字，故经常出现用户找不到对应的网页或网页内并不包含相关信息的情况。

# 第二节　Windows 中的网络功能

## 一、局域网中计算机资源的共享

在 Windows 中，想通过网络共享资源的前提条件是要设置共享，只有设置为共享的资源才能被网络中的其他用户共用。另外，局域网中的计算机必须有一个唯一名称，还要在网络配置文件更改共享选项中设置“启用文件和打印机共享”。注意，Windows 版本不同，配置可能会有差别。

### （一）共享出自己的计算机资源

1. 共享驱动器

右击要共享的驱动器，在快捷菜单中选择“共享（H）”→“高级共享”→“共享”，单击“高级共享”，勾选“共享此文件夹”，输入共享名，设置权限即可。

2. 共享文件夹

右击选定的文件夹，在快捷菜单中选择“共享（H）”→“特定用户”，选择用户，设置权限，最后单击“共享”按钮即可。

3. 共享打印机

选“设备和打印机”，右击要共享的打印机，在快捷菜单中选择“打印机属性”，在“打印机属性”窗口选择“共享”选项卡，设置共享名，最后单击“确定”按钮即可。

### （二）访问其他计算机中的共享资源

1. 访问其他计算机

（1）单击桌面上的“计算机”，进入后选择左下角的“网络”，单击后，主窗口中会出现可以访问的计算机和网络设施。

（2）双击想要访问的计算机，会看到该计算机中的共享资源（如共享文件夹、打印机等），双击，即时进入该文件夹并进行访问。

另外，也可在IE浏览器中直接输入要访问的计算机IP地址访问该计算机（如\\192.168.0.1）。

2. 记忆共享文件夹

如果想把某一个文件夹当作一个盘符使用（即可记忆该文件夹），可使用映射方式实现。操作步骤如下：右击选定的文件夹，在快捷菜单中选择“映射网络驱动器”，在弹出的“驱动器”窗口中填写名称并设置其他信息即可。

设置完成后，它会在“计算机”→“网络位量”中出现。选择后右击，在快捷菜单中选择“断开”即可删除记忆。

## 二、常见网络连接方式

### （一）拨号连接

借助调制解调器、ISDN、X.25等通信方式，使计算机通过远程访问连接到Internet，这种方式的带宽不高，现已慢慢退出市场，如中国电信的16300、中国移动GPRS等。

### （二）本地连接

借助以太网、电缆调制解调器、DSL、IrDA、无线、家庭电话线（HPNA）等通信方式，使计算机连接到Internet。这种方式是目前主流的连接方式，如单位的计算机网络、ADSL宽带连接和小区宽带等。

### （三）虚拟专用网络（VPN）连接

使用称为PPTP或L2TP的网络协议创建网络连接，它把计算机通过Internet安全连接到企业网，主要用于企业内部的跨地区连接。

### （四）直接连接

借助串行电缆、红外链接、蓝牙等通信方式，使两种设备连接在一起，进行数据通信，如手持式设备、手机等与桌面计算机之间的信息同步等。

### （五）传入连接

借助拨号、VPN 或直接连接等通信方式，使单个计算机连接到某个计算机网络中，主要用于重要的系统设备的远程维护工作。

我们在单位或者在家里上 Internet，多采用局域网代理上网、宽带上网、拨号上网等通信方式。局域网代理上网主要通过设置系统的默认网关地址，通过局域网内的代理计算机上 Internet；宽带上网主要通过 DSL、网络直链等方式接入通信运营商的公众网来实现上 Internet；拨号上网主要通过调制解调器以电话线的方式，拨打指定的电话号码来接入通信运营商的公众网来实现 Internet。

局域网代理上网只要设置好网关地址即可上网；宽带上网需要设置相应的用户名、密码；拨号上网需要输入用户名、密码和拨号号码。后两者的设置基本相同，下面以拨号上网的方式为例进行讲解。

1. 建立到 ISP 的连接

（1）点击“打开网络和共享中心”，在“更改网络设置”下单击“设置新的连接和网络”，然后选择“连接到 Internet”。

（2）单击“下一步”按钮，然后按照提示输入用户名和密码等，单击“连接”即可通过 PPPOE 方式连接到 Internet。

2. 拨号上网

一旦设置完拨号连接后，单击右下角的网络图标，选择“网络”后右击，在快捷菜单中选择“连接”命令即可实现拨号上网。

## 三、使用互联网

通过局域网方式或者拨号上网与 Internet 相连接后，就可以通过相应的软件使用互联网，可收发电子邮件，可用 FTP 命令在网上交换文件，可使用网络浏览器查看资料。

# 第三节 互联网的典型应用

Internet 最早起源于美国国防部高级研究计划署 DARPA 的前身 ARPAnet，该网于 1969 年投入使用。Internet 的发展经历了研究网、运行网和商业网三个阶段。Internet 正在以当初人们始料不及的惊人速度向前发展。只有想不到的，没有做不到的，它已经渗透进了人们日常的学习、工作、生活、娱乐等各个方面，为我们带来了前所未有的方便。

目前，中国互联网的各种应用分为以下几类：网络媒体、互联网信息检索、网络通信、网络社区、网络娱乐、电子商务、网络金融等应用。

## 一、网络媒体

新闻报道、热点跟踪、专题讨论等表现形式常常被新闻类网站所采用，互联网作为一种新兴的传播媒体，由于互动性良好，表现形式多种多样，感染力强，成为继报纸、广播、电视之后的“第四媒体”。各大新闻网站、门户网站、企事业单位，都相继开通了宣传通道，如 http：//www.cctv.com（中央电视台）、http：//www.sina.com.cn（新浪网）、http：//www.sohu.com（搜狐网）、http：//www.cq.gov.cn（重庆市政府公众信息网）等都有大量的新闻信息。

## 二、互联网信息检索

在浩如大海的网络中，如何找到自己所需的信息？搜索引擎使用了网络搜索技术，我们只需要输入关键词，就可以通过它查询到我们所需的相关信息。搜索引擎是人们从互联网中获取信息的基础应用，2008 年中国搜索引擎的使用率为 68.0%，在各互联网应用中位列第四。当前有名的搜索引擎有：http：//www.google.cn、http：//www.baidu.com/、http：//cn.bing.com /、http：//cn.yahoo.com。通过这些搜索引擎我们可以在互联网上查找到我们所需的资讯、图片、音乐等。

## 三、网络通信

网络通信分为电子邮件和即时通信两大类。

使用电子邮件，首先需要从 ISP 申请一个账号。例如：登录 http：//mail.163.com，在 mail.163.com 上申请一个免费邮箱；然后单击“注册”，按要求填写有关内容；确认没有重名的邮箱名称后，这个邮箱名称就可以为你使用了。完成注册后，你可以使用网页方式登录你的邮箱（进入 http：//mail.163.com，输入用户名、密码等，单击“登录”即可查询、收发邮件了）。

不仅可以通过网页收发电子邮件，还可以用 Outlook、Foxmail 等软件（这种方式需要 SMTP、POP 等参数）收发邮件。常见的一些电子邮箱有：网易 163 邮箱（http：//mail.163.com）、新浪邮箱（http：//mail.sina.com.cn）、TOM 邮箱（http：//mail.tom.com）、搜狐闪电邮（http：//mail.sohu.com）、雅虎邮箱（http：//mail.yahoo.com.cn）等。

发送电子邮件后，发送方和接受方都无法得到立即响应，易造成交流上的障碍。另外，随着即时通信的快速发展，人们在通信的过程中就可发送和接收文件，所以电子邮件市场开始逐步萎缩。

即时通信（Instantmessaging，简称 IM）是一个终端服务，允许两人或多人使用网络即时传递文字信息、档案、语音与视频。即时通信按使用用途分为企业即时通信和网站即时通信。当前流行的即时通信方式有 QQ、微信、米聊、YY 语音、百度 hi、新浪 UC、阿里旺旺、网易泡泡、网易 CC、盛大 ET、移动飞信、企业飞信等。

## 四、网络社区

网络社区的主要服务内容有交友网站和博客，通过交友网站，我们结交五湖四海的朋友；通过博客，我们可以把自己在生活、学习、工作中的点点滴滴记录下来，晒在网上和他人分享。这些都正在为人们所熟悉和使用。目前这类网站主要有新浪微博、猫扑网、西祠胡同、西陆社区、校内网、太平洋电脑网、中关村在线、泡泡网、硅谷动力、小熊在线、电脑爱好者、华军网、天空网等。

## 五、网络娱乐

网络娱乐的主要内容包括网络游戏、网络音乐、网络视频等。

## 六、电子商务

电子商务涵盖的范围很广，一般可分为企业对企业（Business to Business，即B2B）、企业对消费者（Business to Consumer，即B2C）、个人对消费者（Consumer to Consumer，即C2C）、ABC（分别是代理商Agents、商家Business、消费者Consumer）、企业对政府（Business to Government）、线上对线下（Online To Offline，即O2O）、商业机构对家庭消费（Business To Family）、供给方对需求方（Provide to Demand）、门店在线（O2P模式）9种模式。其中主要的是企业对企业（B2B）、企业对消费者（B2C）两种模式。

电子商务是与人们生活密切相关的重要网络应用，通过网络支付、在线交易，卖家可以用很低的成本把商品卖到全世界，买家则可以以很低的价格买到自己心仪的商品。

## 七、网络金融

所谓网络金融，又称电子金融（e-finance），从狭义上讲是指在互联网（Internet）上开展的金融业务，包括网络银行、网络证券、网络保险等金融服务及相关内容；从广义上讲，网络金融就是以网络技术为支撑，在全球范围内的所有金融活动的总称，它不仅包括狭义的内容，还包括网络金融安全、网络金融监管等诸多方面。它不同于传统的以物理形态存在的金融活动，是存在于电子空间中的金融活动，其存在形态是虚拟化的，运行方式是网络化的。它是信息技术特别是互联网技术飞速发展的产物，是适应电子商务（e-commerce）发展需要而产生的网络时代的金融运行模式。

除了传统的网上银行外，第三方支付平台发展迅速。所谓第三方支付，就是一些和产品所在国家以及国外各大银行签约，并具备一定实力和信誉保障的第三方独立机构提供的交易支持平台。在通过第三方支付平台的交易中，买方选购商品后，使用第三方平台提供的账户进行货款支付，由第三方通知卖家货款到达、进行发货，买方检验物品后，就可以通知付款给卖家，第三方再将款项转至卖家账户。

## 八、网上教育

网上教育即 Internet 远程教育，它是指跨越地理空间进行的教育活动。远程教育涉及各种教育活动，包括授课、讨论和实习。它克服了传统教育在空间、时间、受教育者年龄和教育环境等方面的限制，带来了崭新的学习模式，随着信息化、网络化水平的提高，它将使传统的教育发生巨大的变化。目前做得较好的网上教育有中华会计网校、独角兽网校、考试吧网校、北京四中网校、中公网校、法律教育网校、学易网校、自考 365 网校、环球网校、医学教育网校、中大网校、华图网校、建设工程教育网校、学而思网校等。

虽然互联网给我们的工作、学习、生活带来了方便，带来了很多好处，但是由于互联网管理存在大量问题，也给我们带来了一些负面的东西，如网上欺诈、青少年的网游沉迷、黄色信息和暴力信息对青少年的毒害等，这些都需要我们高度关注。

# 第四节　IE 的基本操作

IE 是 Windows 上内嵌的一个浏览器，安装 Windows 后，就会有 IE（当然，你也可以下载最新的 IE 版本并安装它），使用 IE 可以浏览 World Wide Web（万维网）或本地 Internet。

从“开始”→“所有程序”，双击“Internet Explorer”即可进入 IE，关闭窗口即可退出 IE。

## 一、相关概念

主页：启动 Internet Explorer 时显示的 Web 页。

链接：将鼠标指针移过 Web 页上的项目，可以识别出该项目是否为链接。如果指针变成手形，表明它是链接。链接可以是图片、三维图像或彩色文本（通常带下划线）。我们可以从 Windows 中的任何链接浏览 Web 页。

## 二、IE 有关设置

选择下拉菜单“工具”→“Internet 选项”，在“Internet 选项”对话框中可以设置主页、安全、连接方式、程序等。

## 三、IE 的常见操作

### （一）选定网址

地址栏是选择不同网站、协议的入口，通过改变地址的内容可得到不同的页面。例如，输入 http：//www.ibm.com 会看到 IBM 公司的 Web 主页，输入 http：//www.sohu.com 会看到搜狐的主页，输入 ftp：//tsinghua.edu.cn 会进入清华大学的 FTP 服务器。

要转到某个 Web 页，在地址栏中键入 Internet 地址，例如“www.microsoft.com”，然后单击“转到”按钮。

要从地址栏中运行程序，键入程序名，然后单击“转到”按钮即可。如果用户知道完整的路径和文件名，还可全部键入，如 C：\MSOffice\Winword\Winword.exe。

若要通过地址栏浏览文件夹，可在地址栏中键入驱动器和文件夹名，然后单击“转到”按钮，如 C：\ 或 C：My Documents。

### （二）停止

停止指中止浏览器对某一链接的访问。如果用户试图查看的 Web 页打开速度太慢，或想中止该 Web 页，单击“停止”按钮即可。

### （三）刷新

刷新指重新显示页面，以显示新的数据或更新页面的内容。如果 Web 页无法显示，或用户想获得最新的 Web 页面，单击“刷新”按钮即可。

### （四）后退／前进

单击“后退”按钮返回用户上次查看过的 Web 页。单击“前进”按钮可查看在单击“后退”按钮前查看的 Web 页。要查看刚才访问的 Web 页清单，可单击“后退”或“前进”按钮旁边的向下小箭头。

### （五）用不同的语言文字显示 Web 页

如果用户在浏览 Web 时进入了由其他语言文字编写的站点，IE 一般会用正确查看这些站点所需的字符集更新您的计算机；如果看到乱码，可能要手工设置计算机的编码：从“查看”下拉菜单中选择“编码”，再根据情况选择相应的编码即可。

# 第二章　网络技术基础

## 第一节　数据通信基础

### 一、数据通信的基本概念

（1）信息：人对现实世界事物存在方式或运动状态的某种认识。

（2）数据：用以描述客观事物的数字、字母、符号以及所有能输入计算机并被程序加工处理的符号集合。可分为模拟数据和数字数据。

（3）信号：数据的具体物理表现。可分为模拟信号和数字信号。

（4）模拟数据：用连续的物理量来表示的数据，如温度、压力的变化是一个连续的值。

（5）数字数据：用离散的物理量表示的数据。

（6）模拟信号：用一个连续变化的物理量来表示数据。

（7）数字信号：用离散不连续的物理量来表示数据，如高、低电平。

（8）基带传输：数据信息被转换成电信号时，利用原有电信号的固有频率和波形在线路上传输，称为基带传输。

（9）频带传输：又称为宽带传输，是将二进制脉冲所表示的数据信号，变换成便于在较长的通信线路上传输的交流信号后再进行传输。

（10）数据率：指单位时间内所能传输的二进制位信息量，即以多少位每秒为单位，用 bit/s 表示。

（11）波特率：指单位时间内模拟信号状态变化的次数，以波特（Band）为单位，其实质上是数字数据经调制后的传输度量单位，又叫调制速率。

（12）误码率：是衡量信息传输可靠性的一个参数，是指二进制码元在传输系统中被传错的概率。在计算机网络中，误码率要求低于 10-11~10-6。

（13）信道：传送电信号的通道，是由传输介质和中间通信设备等组成。

（14）信道容量：指信道的极限数据传输速率。

## 二、数据编码技术

用模拟 / 数字信号传输某种数据时，需要采用某种编码及相应的数据表示方法。常用的数据表示方法有用模拟信号表示数字数据、用数字信号表示数字数据、用数字信号表示模拟数据。

### （一）用数字信号表示数字数据

通常利用两个不同的电压极性或高低电平值来表示二进制数字的两个取值，常用编码方法如图 2-1 所示。

（1）不归零编码（NRZ，Non-Return-Zero）。它是一种信号电平至少持续 1 个码元长度的编码，其特点是简单、易于实现，但不能携带位同步信息。可分为单极性不归零码和双极性不归零码。

（2）归零制编码（RZ，Return-Zero）。即在每一码元时间间隔内，发电流的时间短于一个码元的时间。它可分为单极性归零码、双极性归零码和交替双极性归零码。

（3）曼彻斯特编码（Manchester）与差分曼彻斯特编码（Differential Manchester）。曼彻斯特编码的特点是每一码元中间有一个跳变。码元中间的跳变既作为时钟，又代表数字信号的取值。可以来用正跳变（由低电平变为高电平）代表“1”，也可采用负跳变（由高电平变为低电平）代表“1”。差分曼彻斯特编码的特点是码元中间的跳变仅作为时钟，不代表二进制数据取值。其取值是根据每一位的边界是否存在跳变而定，用一码元开始的边界处存在跳变代表“0”，不存在跳变代表“1”。

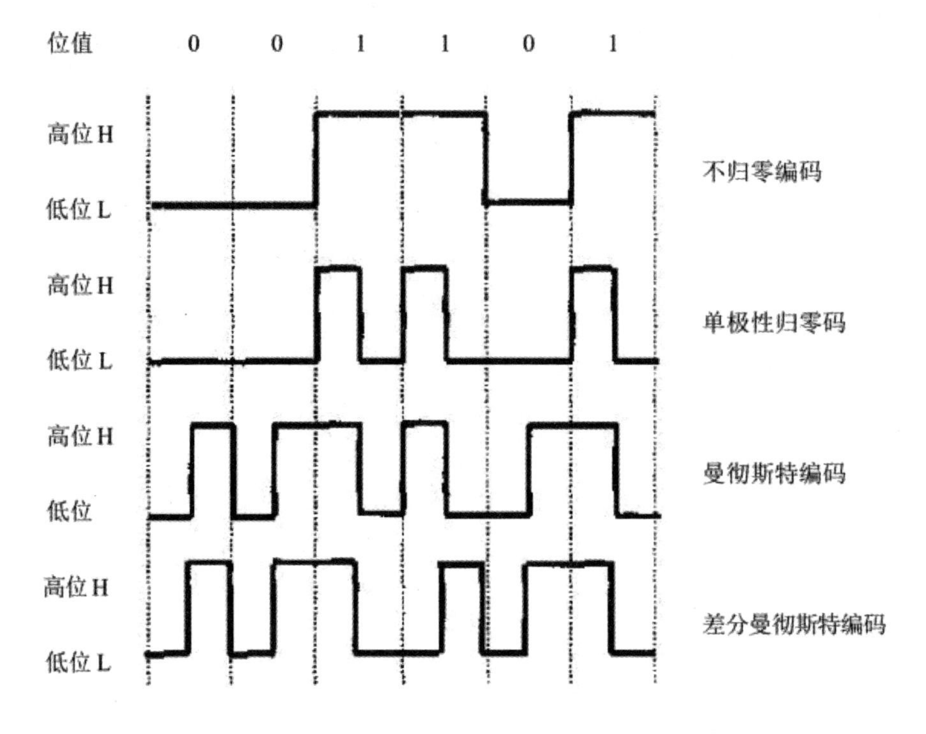


图 2-1　数字信号的编码

## （二）用模拟信号表示数字数据

利用现有的电话网络传输数字数据时，需要将数字数据转化成模拟信号才能传输，在接收端再还原为数字数据。将数字数据加载到载波上的过程称为调制。从载波上提取出此携带的数字数据的过程称为解调。

将数字数据调制成模拟信号有三种编码方式，如图 2-2 所示。

（1）振幅调制方式（又称振幅键控 ASK，Amplitude-Shift Keying）。即用数字信号的值来改变载波信号的幅度。其特点为技术简单、抗干扰性较差。当载波信号为 $A\cos(\omega t+\theta)$ 时，振幅调制信号可表示为：

$$s(t)=\begin{cases}A\cos(\omega t+\theta) & \text{当数字信号为1时}\\ 0 & \text{当数字信号为0时}\end{cases}$$

（2）频率调制方式（又叫频率键控 FSK，Frequency-Shift Keying）。即用数字信号的值改变载波信号频率。当载波信号为 $A\cos(2\pi ft+\theta)$ 时，频率调制信号可表示为：

$$s(t)=\begin{cases}A\cos(2\pi f_1 t+\theta)\text{当数字信号为1时}\\A\cos(2\pi f_2 t+\theta)\text{当数字信号为0时}\end{cases}$$

（3）相位调制方式（又叫相位控制 PSK，P1ease-Shift Keeping）。即用数字信号频率变化改变载波信号的频率。当载波信号为 $A\cos(2\pi ft+\theta)$ 时，两相调制信号可表示为：

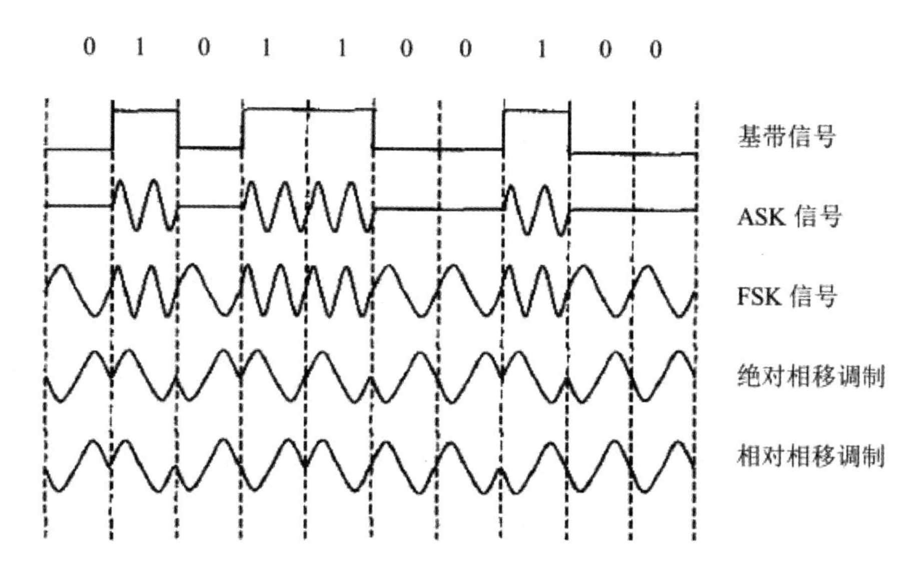


图 2-2　数字数据调制为模拟信号的三种方式

# 第二节　局域网技术

## 一、局域网概述

局域网是指在一个集中区域里，将计算机、终端及各种外围设备互联在一起的通信网络。它只定义了三层协议，由低向高依次为物理层、数据链路层和网络层。

## 二、交换局域网

交换局域网的核心部件是局域网交换机。典型的交换局域网为交换式以太网

（Switched Ethernet），其核心设备为以太网交换机（Ethernet Switch）。

交换机与集成器的区别在于：

（1）从拓扑结构上看，集成器（HUB）为星型结构，只要有一个站在传递信息，其他站只有等待，否则将发生冲突。

（2）连到交换机上的线和站点构成一个单独网段，交换机上所有站点都可自由地向其他站点发送信息，从而提高了网络整体的吞吐量，改善了局域网的性能，提升了服务质量。

根据帧的转发方式，可将交换机分为直接交换方式、存储转发交换方式、改进直接交换方式。直接交换方式是指在进行交换时，不必将整个帧先存入缓冲区再进行处理，而是立即按数据帧中的目的地址将该帧转发出去。这种方式交换延迟时间短，但缺乏差错检测能力。在存储转换方式中，交换机首先完整地接收发送帧，并进行差错检测，因此这种方式具有帧差错检测能力，但会延长交换时间。改进的直接交换方式则将二者的优点结合起来。

以太网交换机的类型有：只支持 10Mbps 端口的 Ethernet Switch；只支持 100Mbps 接口的 Ethernet Switch；同时支持 10Mbps 与 100Mbps 端口的自适应 Ethernet Switch。

局域网交换机的主要特性有：低交换传输延迟，高传输带宽，允许 10Mbps 与 100Mbps 共存，可支持虚拟局域网服务。

## 三、高速局域网

带宽（又称信道宽度）是指数据在传输介质中的传输速率。当局域网规模不断扩大，节点数不断增加时，每个节点平均能分配到的带宽将越来越少。为了克服网络规模与网络性能之间的矛盾，人们提出了三种解决方案。

（1）提高 Ethernet 数据传输速率，从 10Mbps 提高到 100Mbps，甚至到 1Gbps，从而促进了对高速局域网的研制与开发。

（2）将一个大型局域网划分为多个用网桥或路由器互联的子网，使作为独立小型 Ethernet 的每个子网的性能得到改善，从而促进了局域网互联技术的发展。

（3）以局域网交换机为核心设备，将“共享介质方式”改为“交换方式”，从而促进了对交换局域网的研制与开发。

# 第三节　网络互联技术

网络互联技术是指局域网与局域网、局域网与广域网以及广域网与广域网等之间的连通性与互操作能力。通过网络互联，可将分布在不同地理位置的网络、设备连接起来，以组成更大规模的网络系统，实现网络资源共享。由于当前存在多平台、多协议、异种网络共存的现象，只有屏蔽网络软、硬件的差异，才能保证处于不同网络的两个用户能相互透明地交换信息。

## 一、网络互联设备

两个网络互联时，其差异可出现在OSI7层模型之中的任意一层上。因此网络互联需要通过中间的网络互联设备来实现。常用的网络互联设备有中继器、集线器、网桥、路由器、网关等。

## 二、网络互联的模型

按照网络的作用范围，可将网络互联的类型分为局域网与局域网互联、局域网与广域网互联、局域网—广域网—局域网互联、广域网与广域网互联。依据不同的连接方式，要采用不同的网络连接设备，例如：网桥、集成器常用于局域网间的互联，而路由器、网关则是局域网与广域网互联的主要设备。

按照网络协议层次的不同，可将网络互联分为以下几种类型：

### （一）物理层互联

物理层互联主要采用转发器或中继器，通过对信息的整形与放大，以扩大网络范围。

### （二）数据链路层互联

数据链路层互联的设备是网桥。通过网桥进行数据接收、过滤与转发，以实现同类局域网间的数据交换。

### （三）网络层互联

网络层互联的设备是路由器。通过路由器可实现两个以上的局域网或局域网与广域网及广域网间的互联。网络层互联可解决路由选择、拥塞控制、差错处理等技术。

### （四）高层互联

高层互联是指建立在传输层以上各层之间的网络互联，所采用的设备为网关。

## 第四节　网络新技术

### 一、综合业务数字网

现有的各种网络如电报网、电话网、分组交换数据网、移动电话网等都是相互独立的，用户要获得各种服务，必须向不同的部门分别提出申请，这就导致线路利用率低、使用不便。引入综合业务数字网（ISDN，Integrated Services Digital Network）后，用户只需提出一次申请，按统一规范进行通信，就可获得各种不同服务，如可实现电话、传真、可视图文、数据通信与图像的综合服务，通信质量好，可靠性强。

### 二、帧中继

帧中继（Frame Relay）是一种简单的面向连接的虚电路分组服务，是 X.25 在新传输条件下的发展。它是基于数据帧在光纤上传输基本不会出错的前提而设计的，可将数据位流以合理的速度与较低的开销从 A 地传送到 B 地。

帧中继交换机只要检测到帧的目的地址就立即开始转发该帧。当帧出错或发生阻塞时，帧中继采用舍弃原则，通过接收端发出重发请求或发送端等待超时后重发，因此网络拥塞控制与管理在帧中继网中就显得尤为重要。帧中继不需要网络层，在数据链路层就可实现链路的复用与转换，帧中继也因此而得名。

### 三、ATM

异步传输模式 ATM（Asynchronous Transfer Mode）是宽带综合业务数字网 B—ISDN 的核心技术。ATM 采用将时分交换与统计复用融为一体的信息传输方式，用户信息与时隙的位置在不同的帧中不是固定不变的，这就是“异步”的含义。ATM 实质上是一种高速分组传输模式，ATM 将信息分块后，在块前加上包括地址、丢失优先级等的控制信息作为信息头，构成固定长度分组（称为信元），在获得空信元后，即可插入信息发送出去。由于信息插入位置无固定周期，因而称为异步传输模式。因此，ATM 是一种面向连接且分组长度固定的分组交换方式。

# 第三章　计算机网络技术理论

## 第一节　计算机网络技术的发展

计算机网络已经成为人们精神世界必不可少的一部分，它不仅改变了人们的生活和工作方式，更对社会的发展有很大的推动作用。目前，在网络技术与通信技术快速发展的形势之下，社会各个领域都逐步开始应用计算机和信息化等网络技术。

计算机是20世纪人类的伟大发明之一，它的产生标志着人类开始迈向一个崭新的信息社会，新的信息产业正以强劲的势头迅速崛起。随着现代科学技术的不断发展，计算机网络技术逐渐成为发展的热门技术，是推动一个国家科学发展的重要方面。

### 一、计算机网络技术的概念及分类

计算机网络技术的概念：计算机网络主要是由一些通用的、可编程的硬件互连而成的，而这些硬件并非专门用来实现某一特定目的（例如，传送数据或视频信号），只是通信技术与计算机技术相结合的产物，网络通信技术与管理软件间的有效融合，使计算机操作系统中的信息、资源能实现传递与共享的一种技术。

计算机网络技术的分类：按网络的作用范围可划分为：（1）局域网（LAN），是现阶段使用范围最广的一种计算机网络技术。局域网虽然一般用微型计算机或工作站通过高速通信路线相连（速率通常在10Mbit/s以上），但地理上则局限在较小的范围（如1km左右）。（2）城域网（MAN），可以为一个或几个单位所拥有，但也可以是一种公用设施，用于将多个局域网进行互联。它的作用范围一般是一个城市，可跨越几个街区甚至整个城市，其作用距离为5~50km。（3）广域网（WAN），是互联网的核心部分，其任务是通过长距离（例如，跨越不同的国家）运送主机所发送的数据。其作用范围较大，通常为几十至几千公里，因而有时也被称为远程网。

按网络的使用者可划分为：（1）公用网（public network），主要是指电信公司（国有或私有）出资建造的大型网络，也可以称为公众网。（2）专用网（private network），主要是指某个部门为满足本单位特殊业务需要而建造的网络。

## 二、计算机网络技术的发展现状

21 世纪已进入计算机网络时代，计算机网络成了计算机行业较重要的一部分。局域网技术发展逐渐成熟，出现了一系列光纤和高速网络技术、多媒体、智能网络，发展成了以 Internet 为突出代表的互联网。随着通信和计算机技术的紧密结合和同步发展，我国的计算机网络技术也在飞跃发展中，因此计算机网络技术充分实现了资源共享。人们可以不受限制随时随地地访问和查询网络上的所有资源，极大地提高了平时的工作效率，促进了工作生活向自动化和简单化的发展。现阶段发展中，计算机网络管理技术从网络管理范畴来看主要可分为四类：第一是对网络的管理，即针对交换机、路由器等主干网络进行管理；第二是对接入设备的管理，即对内部 PC、服务器、交换机等进行管理；第三是对行为的管理，即针对用户的使用进行管理；第四是对资产的管理，即统计 IT 软硬件的信息等。

## 三、计算机网络技术的前景分析

计算机网络技术大体的发展前景可概括为以下三个方面：（1）发展应开放化和集成化。科学技术的发展使得人们对计算机网络技术的要求不断提升，在目前的发展背景下，还应实现集成多种媒体应用以及服务的功能，这样才能确保功能和服务的多元化。（2）发展应高速化和移动化。快节奏的社会发展步伐使人们对网络传输的速度要求越来越高，因而无线网络发展非常重要，为实现上网的便捷性，打破地域环境的限制，实现网络的高速化和移动化发展是很关键的。（3）发展应人性化和自动化。计算机网络技术应满足人们在生活和工作中的需求，在今后的发展中应以人性化为主，促使其应用更加简洁高效。

随着当今社会的发展和计算机网络水平的不断提高，计算机网络技术的应用逐步增加，而现在计算机网络技术的发展也进入一个关键性时期，随着用户对网络技术的需要越来越高，网络安全问题也开始受到人们的重视，与此同时人们也开始担心网络的同一性问题，所以在今后的发展中我们应该更加重视计算机网络的标准性与安全性的深化改革，同时也需要培养更多的专业人才支持计算机网络的发展。

## 第二节　计算机网络技术发展模式

随着科学技术与信息技术的快速发展，计算机网络技术被广泛应用于各行各业，人们的生产生活已经离不开计算机的使用，它给人们的日常生活与工作带来了巨大变革。本节从科学技术角度出发，分析了计算机网络技术发展的历程以及计算机模式对我国未来计算机网络发展的影响。

21 世纪是以计算机为代表的信息化时代，当下，我们的学习、生活以及工作都离不开计算机网络技术，信息的网络化、社会化以及全球经济一体化都受到计算机网络技术的巨大影响。加强对计算机网络技术发展模式的研究具有重要意义。

### 一、计算机网络技术的概念

计算机网络技术是通信技术与计算机技术相结合的一种技术，是建立在网络协议的基础之上，在全球范围内建立相对独立且分散的计算机集合。在连接过程中，光纤、电缆或者通信卫星都是其连接媒介，随着科学技术与信息技术的飞速发展与不断推进，人们已经进入了电子信息时代，计算机网络技术可以实现软件、硬件以及数据资源的共享。

### 二、计算机网络技术发展历程及其功能分析

发展历程：21 世纪是以互联网为代表的信息化时代，互联网技术与信息技术迅猛发展，给社会生产以及个人生活带来了巨大影响。计算机网络技术的发展主要经历了远程终端连接阶段、网络互联阶段、计算机网络阶段以及信息高速公路阶段。其中远程终端连接是一种面向终端的计算机网络，将远程终端与网络控制

中心连接，对信息进行电子化形式处理，获得、管理以及存储信息。对信息的内容进行智能化处理，进一步保证电子信息系统更加方便、高效、快捷地处理信息。计算机网络技术不仅包括数据信息处理，而且还包括设备维修与保养、数据采集以及系统建设等多个方面，它是一个庞大又复杂的系统，将通信技术、信息技术以及计算机网络技术等结合到一起。比如，我们日常使用的手机、电脑、无线电话以及其他各种移动平台等都是通过远程终端对信息进行收集，然后对收集的信息进行分析与处理，从而实现最后的信息传递。为人们提供精准的数据信息，不仅大大方便了人们的日常生活与工作，而且提高了人们的生活质量和工作效率。

随着计算机的不断更新，计算机网络系统实现了多个计算机网络之间的互联，也就是说用户可以使用多个网络系统的信息资源，最终达到信息资源交换与共享的目的。最后，在信息基础建设思想提出的当前时代，计算机网络信息高速公路逐渐得到了人们的认可与推广，高速化与综合化的计算机网络技术成为了计算机技术发展的主要方向。

功能分析：近几年，计算机软件开发获得了较多的研究成果，计算机软件应用已经融入人们生活的各个方面，随着生活质量的提高人们也对计算机的功能提出了更高的要求。协同工作、资源共享与数据通信是计算机网络技术的主要功能，运用计算机网络技术，硬件设施与系统命令相结合，对大批量信息都可以实现统一的处理，这大大提高了工作效率，方便快捷。与人脑相比较，计算机网络系统能够快速整理信息，无线电磁波与光线进行信息传递，处理效率更加高效，具有传递信息快、信息量大等优势。当某台计算机设备承担了过大的任务量时，可以通过运用计算机网络系统中任务较轻的计算机进行任务分担，从而实现协同工作，大大提高了工作效率，节省人力与物力，保证计算机网络系统运行的可靠性与安全性。

计算机网络技术发展模式从最初的面向终端的计算机模式，逐渐发展成了当前的局域网或者广域网的模式，提高了传输效率，实现了传输方式的多样化。此外，计算机网络技术对各种信息进行发布与处理，可以增强信息的有效性与实效性，最大限度地提高人们对信息的利用效率，调动人们的积极性与主动性来使用各种数据信息，为各个领域带来巨大的经济效益与社会效益。计算机网络技术这一集成化与综合化特征，不仅使计算机直接的数据传递更加方便快捷，还促进计算机网络技术向计算机网络环境营造方向发展。

## 三、计算机网络技术发展趋势探讨分析

服务主导型的计算机网络技术发展模式。以计算机网络技术系统的开发与建设为出发点与落脚点，网络系统的功能与目的都需要通过网络的应用来实现。首先通过逻辑层次的分析与探究形成适应数据库的信息，其次将信息资源传送到数据信息访问层，在这个层次中，根据数据库信息反映出客户的需求，传输到业务逻辑层次，再次转化成信息的形式，保证满足用户的需求，最后传输到展示层次，通过展示层次映射给客户，这就形成了一个完整的信息反馈过程。计算机网络技术的应用需求是促进网络技术发展的内在动力。必须以用户需求为核心，为用户提供更多、更好以及更优质的应用服务。

计算机网络技术发展模式的高速移动化。随着多媒体技术的不断发展，信息资源传输量日益增加，信息高速公路建设显得越来越重要。在信息化时代中，各种信息资源越来越复杂、多变，必须对信息进行准确的分析，加以利用。各个行业都会涉及计算机网络技术应用与信息处理的问题，为了满足人们多样化的需求，提高计算机网络应用效能，保证软件系统运行的可靠性与安全性，必须重视无线网络技术的发展。由于传统上网地点受到多方面限制，无法建立网络环境，所以，4G 移动通信以及无线相容性认证等不断出现并融入人们生活的方方面面，促进了移动化通信的全面发展。无线网络技术的应运而生促进了计算机信息技术朝着有线网络为主、无线网络为辅的终端发展模式发展，实现计算机网络技术发展模式的高速移动化。

计算机网络技术发展模式呈现开放化与智能化特征。在计算机网络设计过程中，需要做好软件功能模块的设计，对各个模块的内部结构与系统运行状态有个系统的了解与掌握，重点做好系统的调度工作。计算机软件开发与应用方面呈现出越来越人性化的特点，加上用户接口的自动化处理手段，使得计算机网络技术的发展朝着智能化方向迈进重要一步。随着科学技术的飞速发展，我国研发出了大量的具有远程访问功能的技术，这个技术具有高效的数据信息处理能力。在实际应用当中，计算机网络技术通过功能模块调整，为计算机网络技术开放性发展奠定坚实基础。

综上所述，计算机网络技术的发展促进了社会信息化进程的不断加快。随着计算机网络技术的不断发展，其应用领域将实现集成化与智能化。

## 第三节　人工智能与计算机网络技术

随着信息化的发展，人工智能化在计算机网络领域的运用更加广泛。本研究主要从人工智能处理模糊信息、协作能力、学习能力、非线性能力以及计算成本小等特点对其优势进行阐述，分析了计算机网络技术中人工智能的必要性以及人工智能在计算机网络技术中的具体应用，包括计算机网络安全管理、Agent 技术以及网络管理与评价等方面。

随着科学的不断进步，计算机技术与信息化技术被广泛运用，智能化服务已经成为当前计算机技术与信息化技术创新的关键。因此，就人工智能在当前社会的发展现状来看，潜力巨大，在人们的日常生活中发挥着巨大的作用。本研究通过对人工智能技术的优势以及人工智能出现在计算机网络技术应用中的必要性进行分析，介绍人工智能在计算机网络技术中的应用，使读者明白人工智能在计算机网络技术建设中的作用。

### 一、人工智能技术的优势分析

模糊信息能力与协作能力。人工智能作为顺应时代发展的产物，不仅可以方便当前人类的生活，而且还具有预测未来的功能，这种预测功能虽然是通过模糊逻辑对事物进行推理得来的，但是一般不需要特别准确的数据支持。因为在计算机网络中，存在大量的模糊信息等待开发，这些信息具有不确定性和不可知性。因此，对这些信息的处理也存在很大困难，而人工智能可以充分发挥这类数据的作用，将人工智能技术应用到计算机网络管理中，对提升网络管理的信息处理能力会有很大帮助。

同时，人工智能还具有协作能力，从当前的发展来看，计算机网络不论在规模还是结构上都在不断扩大，这对于网络管理来说具有很大难度，传统的“一刀切”模式已经不能满足当前的网络管理，因此，需要对网络进行分级式管理。对网络采用一级一级的方式进行监测，需要在网络管理过程中处理好上级与下级的关系，使两者有效协作。而人工智能技术能够利用协作分布思维来处理好这种协作关系，从而提高网络管理的协作能力。

学习能力和处理非线性能力。人工智能在计算机网络技术运用中具有很好的学习能力。网络作为虚拟的东西，不但不可估摸，而且具有的信息量以及概念都远远超出我们所能猜测的范围，很多信息与概念都还处在较低的层次，相对简单。这些对于人类社会发展来说，很可能都是重要的信息内容。往往高层次的内容都是通过对低层次内容深入学习、解释和推理得到的，因此，高层次的内容往往是建立在低层次的信息之上的，而人工智能在处理这些低层次的信息中表现出了很强的运用能力。

人工智能的非线性能力主要是通过人类正确处理非线性功能得出的，人工智能技术的发展使机器获得了像人类一样的智慧和能力，在解决非线性问题方面，人类已经表现出明显优势，人工智能作为人类智慧的衍生物，在处理非线性问题时同样具有优势。

人工智能的计算成本小。人工智能在运算过程中，可以将已经储存的数据循环使用，使资源的消耗最小化。人工智能在运算过程中主要通过算法进行，而且这种算法在处理数据过程中具有很强的运算能力，效率很高，在处理问题时可以通过选择最优方案来完成计算任务，这样不仅节约了大量时间，而且还能够节省很多计算资源。

## 二、人工智能在计算机网络技术中应用的必然性

随着计算机技术的蓬勃发展，如何使网络信息安全有效地运行成为了人们研究的重点内容。作为网络管理系统应用的重要功能，网络监控与网络控制也是人们关注的焦点。而如何发挥好网络监控和网络控制功能，取决于是否及时获取信息以及及时处理信息。计算机技术的发展已经很多年，人工智能在近些年才刚出现，因为早期的计算机网络数据出现不连续和不规则的情况，计算机很难从中分析出有效的数据内容，导致计算机技术的发展缓慢，所以，当前实现计算机网络技术的智能化对社会发展来说至关重要。

随着计算机技术在各行各业的应用，人们对网络运行安全的意识增强，对网

络安全管理的要求也逐渐提高。计算机技术作为刑侦手段，具有较为敏捷的观察力以及快速的反应力，这对防治当前的网络犯罪具有良好的效果，可以有效遏制不法分子的犯罪活动。同时，在对人工智能进行智能优化管理系统的升级后，人工智能可以自动收集信息，并根据收集的信息诊断可能给计算机网络带来的影响，从而有效帮助用户及时发现网络运行中存在的故障并采取有效的措施恢复故障，保证计算机网络的安全有效运行。所以说人工智能可以有效保证计算机网络运行过程中的信息安全。

计算机给人类带来了新的技术革命，深刻影响着人工智能的发展。人工智能作为计算机发展的产物，极大地促进了计算机技术的发展，当前计算机在处理数据、完善算法过程中已经离不开人工智能的技术支持。人工智能由于能够有效处理不确定信息和及时追踪信息的动态变化，并将有效信息处理过后提供给用户，同时还具有高效的写作能力以及信息整合能力，能够提高当前工作者的工作效率。人工智能的发展可以有效提高计算机的网络管理水平。

## 三、人工智能在计算机网络技术运行中的应用分析

人工智能提高了计算机网络安全管理水平。当前网络安全仍然不是很高效，很多用户的信息依然存在较大的安全隐患，而人工智能的应用可以有效帮助用户保护个人信息安全，在实际操作过程中，人工智能主要通过智能防火墙、反垃圾邮件、入侵检测三个方面实现网络安全管理的目标。

智能防火墙通过智能化识别技术对信息数据分析处理，无须进行海量计算，直接对网络行为的特征值进行发现并访问，在防止网络危害方面效果较好，能够有效地对其进行拦截。而且智能防火墙可以有效防止网站不受黑客攻击，及时检测病毒，防止病毒的扩散，同时，还可以有效对内部局域网进行监控管理。入侵检测作为防火墙的第二道闸门，对保护网络运行安全同样具有至关重要的作用。入侵检测通过对网络数据进行分析、分类、处理，防止网络内部以及外部受到攻击，避免操作失误造成损失。

智能反垃圾邮件系统可以使用户的邮箱免遭侵害，保护用户的个人隐私。通过识别用户的邮箱，系统可以分析出垃圾邮件，分类并有选择地发送给用户。

人工智能代理技术。人工智能代理（Agent）技术是由知识域库、数据库、

解释推理以及各代理之间通信部分形成的软件实体。每个代理的知识域库通过对新数据的处理，促使各代理之间沟通并完成任务。人工智能代理技术还可以通过用户指定的信息进行搜索，然后将其发送到指定的位置，使用户更高效地获取信息。

代理技术的使用可以为客户提供更加人性化的服务，比如代理技术可以在用户查找信息过程中，通过分析处理将有用的信息传递给用户，用户通过对信息的筛选，选择适合自己的信息进行运用，提高用户的工作效率。同时，代理技术还可以为用户提供日常所需服务，比如日程工作安排、网上购物以及邮件收发等，极大地方便了用户的生活。同时，人工代理技术还具有自主学习等能力，计算机可以进行自主更新。不断强化的人工智能代理技术，使计算机网络技术不断发展。

网络系统管理和评价中的应用。人工智能的发展促进了网络管理系统的智能化发展，在建立网络综合管理系统过程中，可以利用人工智能的专家知识库以及问题解决技术来解决实际中出现的问题。因为网络环境具有高速运转、发展迅速等特点，网络管理运行过程中遇到的问题，需要通过网络管理技术的智能化发展来提高其处理的效率。同时，人工智能技术还可以将专家知识库中各领域的问题、经验以及知识体系、解决方法总结出来，重新整合形成新的智能程序。当来自不同领域的工作人员在使用计算机遇到各个领域的问题时，可以通过与专家库进行对比分析来解决，有利于实现计算机网络管理以及系统评价的工作。这种人工智能分析出来的专家意见具有一定的权威性。同时，人工智能还能及时针对行业的需求、各领域专家学者提供的最新建议以及经验对数据库进行更新处理，使人工智能下的网络系统管理以及评价系统顺应时代的发展。

在信息化与智能化不断发展的时代，计算机网络技术与智能化的完美融合可以有效帮助人们解决工作以及生活中的问题。面对不断发展的社会，人们对计算机网络技术的应用需求越来越高，不仅要求其能保障自身信息的安全性，而且还要求其能快速处理问题。因此，人工智能作为计算机网络技术发展过程中的产物得到了不断的推广，我们应该充分发掘其潜力，为计算机网络技术发展做贡献。

# 第四节　计算机网络技术的广泛应用

计算机网络技术受到全社会的广泛关注，发展迅速。计算机网络技术应用于社会许多领域并取得了重大成果，成为社会发展的巨大推力。在这种情况下，针对计算机网络技术的应用现状进行分析，从中认识到计算机网络技术的长处所在，以达到计算机应用于各个领域的最终目的。进而保证计算机网络技术能够更好地应用于各个领域之中，发挥其作为先进技术的重要导向作用，促进各行业的持续健康发展，推动社会发展，促进计算机网络技术的革新进步，形成良性循环。

## 一、网络计算机技术的社会方面应用

将计算机网络技术应用于公共服务体系。在目前我国公共服务体系中，其中重点问题也是难点问题就是提高公共服务效率。计算机网络技术的出现恰好解决了这个问题。过去的公共服务主要是通过大量的人力物力的投放来保证实施的。不仅杂乱而且效率低下，问题不断。而计算机网络技术能够帮助公共服务体系的管理人员方便高效地实行管理工作，提高工作效率。计算机网络技术的发展进步日趋成熟，使计算机网络技术手段运用于管理、工作中变得大众化。计算机网络技术与公共服务系统完美融合，更加明显地体现出了计算机网络技术的优势所在。

例如：过去的公共服务体系中，“便民服务、咨询投诉、公众宣传”等这类公共服务是令人“头疼”的。如果按要求落实了这些服务，那人力、物力成本不可估计，但是不执行又有悖于公共服务体系的初衷。所以网络技术的出现，解决了这些矛盾，人们可以在网上向管理人员进行问题咨询，或者是倾诉自己的不满或者关注一些福利政策。人们可以看得更加清楚明白，公众服务体系的管理人员的工作也更好开展。可以说是计算机网络技术与公共服务体系的结合，真正做到了“方便你、我、他”。

计算机网络技术在网络系统中的实际应用。光纤技术对计算机网络系统的构建、完善具有重大意义。反过来讲计算机网络技术又大面积应用于光纤技术中。

我们日常计算机网络活动中所使用的城域网的主要传输方式的学名其实就是“光纤分布式数据接口传出技术”，虽然光纤技术应用广泛且效率高，但是也受使用成本过高问题的困扰。而计算机网络技术正是解决了这个问题，让人们打破价格带来的不方便，真正享受到了网络技术发展所带来的轻松便利的生活。

## 二、计算机网络技术的具体应用分析

从目前的计算机网络技术的发展趋势来看，深入探讨计算机网络技术的具体应用分析是有意义的。下面就从计算机网络技术在信息系统构建、发展和教育科研方面的应用来进行论述。

### （一）计算机网络技术在信息系统中的应用

#### 1. 计算机网络技术为构建信息系统提供了技术支持

计算机网络技术的发展程度在一定程度上决定了网络信息系统的完善程度。换句话说，计算机网络技术是网络信息系统的建立基础。为构建信息系统提供了技术上的支持。

第一，计算机网络技术为了保证信息系统的传输效率全面、快速地发展，为信息系统的构建提供了新的传输协议。

第二，为了保证信息系统的存储能力足够大，计算机网络技术不断进步与提升，研究出了新的数据库技术，满足了信息系统构建所需要满足的存储条件。

第三，信息系统建立的目的就是让人们得到有效的、自己所需要的信息。计算机网络技术为信息系统提供了新型的传输技术，保证了信息系统所传输的信息的时效性和实用性。

#### 2. 计算机网络技术加速了信息系统的发展

计算机网络技术不仅对信息系统的构建产生了巨大作用，而且对信息系统的后续发展也有着不可忽略的促进作用。网络技术自身的不断进步和完善，也为信息系统的整体性建设和完善提供了源源不断的技术支持。计算机网络技术在这个过程中为信息系统的发展提供源源不断的动力，产生了不可忽视的拉动作用，加速了信息系统的发展与进步。

### （二）在教育科研中应用计算机网络技术系统

近些年来，教育改革不断深化，广受社会各界人士的关注。不只是改革旧的教育方式，更要在教育中融入新技术，让教育做到与时俱进。跟上时代的发展步伐，也有利于开拓学生的眼界，做一个全面的高素质人才。随着计算机网络技术的发展，教育与计算机网络技术的结合，让这一切都不是难题。新技术的运用促进了教育科研的发展和进步，对教育发展有重大意义。比如：远程教育技术和虚拟分析技术的研发和运用，提高了教育的质量和效率，提高了教育科研的整体水平。

1. 远程教育得以实现的技术支持

计算机网络技术与教育科研的完美融合，加速了远程教育的实现。有效拓宽了教育的传播范围，发挥了教育的积极作用。同时远程教育的实现还起到了丰富教育方法的作用。从目前的远程教育的运行情况来说，收获了良好的反响的同时让师生都体会到了远程教育带来的好处。并且远程教育这种教育形式有望于在未来的教育体系中成为主流教学形式替代传统教学形式。计算机网络技术应用于远程教育体系的构建中，对教育体系的变革产生了巨大的、不可忽视的、不可磨灭的作用。

2. 虚拟分析技术的出现促进教育科研发展

随着社会的发展和科技的进步，对教育方面所教授的知识我们已经不仅仅满足于课本上的文字内容，更希望课本上的文字内容“活起来”，这样能够更直观立体，也能更生动地“看见”课本内容，并加以理解和掌握。尤其是对于一些需要进行数据分析和实际操作设计的内容，“动起来”更是意义重大。虚拟分析技术应运而生。计算机网络技术的发展为虚拟技术的研发提供了基础条件。这也是计算机网络技术在与教育相融合时产生的另一大理论成果。

## 三、计算机网络技术的应用领域

### （一）计算机网络技术在人工智能方面的应用

人工智能这个概念早已提出，随着科技的进步，人工智能从构想变成了现实。人工智能系统也成为一个独立存在的系统了，但是计算机网络技术作为人工智能技术的发展基础，它的作用是不能被湮灭的。即使在现在，人工智能系统的实施也无法脱离计算机网络技术，人工智能的从无到有，无一不彰显着计算机网络技术的应用所带来的巨大便利。

计算机网络为自动程序设计提供方便编程和程序设计，既是计算机网络技术的基础也是核心内容。计算机网络技术中设计自动程序也是一个重要的研究方面。自动程序的研究不断深化也预示着程序员的工作将会渐渐被取代，也象征着人工智能研究取得了巨大成果。自动程序的设计为人工智能提供了基础，也使人工智能时代的到来加快了速度。

### （二）计算机网络技术在通信方面的应用

计算机网络的发展为人们的生活提供了便利，这一点无可厚非，这样的改变是逐渐的，尤其在通信方面表现得尤为明显。从一开始的面对面交流、写信、电话电报到如今的视频通话，让在外的人与家里人沟通更畅快，与朋友交流更密切。网络的发展也是2G—3G—4G—5G这样有过程地、逐步地发展进步。计算机网络技术应用于通信方面，方便了人们之间的交流，让距离不是问题，有利于构建和谐的社会关系。

总之，本节对计算机网络技术在商务中、人工智能技术中的应用及其应用途径和具体应用进行分析，让我们直观地感受到计算机网络技术发展对社会的巨大的推动作用。基于此，我们需要对网络信息技术有一个完整的、清晰的、深入的认识，推动计算机网络技术更广泛、更深入、更高效地应用于各个领域。促进社会各个行业、各个领域的发展成熟。

## 第五节　计算机网络技术与区域经济发展

经济社会发展中，计算机网络技术发挥着十分重要的作用，尤其是区域经济发展中，计算机网络技术发挥的积极作用更是显著。本节在深入分析计算机网络技术对区域经济发展的影响的基础上，探讨了计算机网络技术助推区域经济发展中的良策。

计算机网络技术在区域经济发展中，有效应用集中体现在优化发展结构、衍生新技术、经济发展要素等方面，为了持续发挥计算机网络技术的应用价值，推动区域经济健康、可持续发展，必须重视计算机网络技术的影响研究，以计算机网络技术助推区域经济取得进一步发展。鉴于此，本节对“计算机网络技术对区域经济发展的影响”展开论述。

## 一、计算机网络技术对区域经济发展的具体影响分析

优化区域经济发展结构。传统经济模式显然无法紧跟现代化经济社会发展的脚步，然而在计算机网络技术的支持下，传统经济模式可进行改造或者升级，借助信息化手段，高效处理生产信息，借助计算机网络技术优化生产流程，可确保区域生产力满足现代区域经济发展需求。例如：农业生产活动中，计算机网络技术的有效应用可让生产方式实现现代化，以此推动我国农业产业的科技发展。

衍生高新技术。计算机网络技术的有效应用，能够让传统产业与现代技术进行有效融合，全面提高生产力，并且在此基础上，优化产业结构。除此之外，在计算机网络技术的支持下，各项高新技术的有效应用，能够进一步提高产品的附加值，为产品市场核心竞争力的提高夯实基础，对区域产业经济进一步发展有着十分重要的促进作用。

影响区域经济发展要素。传统区域经济发展中，侧重人才要素、资本要素、技术要素等。然而计算机网络技术的有效应用，是传统区域经济发展要素，可在区域内短时间得到补充或者流失，意味着在计算机网络技术的支持下，区域经济发展资源分配更加合理，资源利用率更高，更加有助于区域经济健康、可持续发展。另外，借助计算机网络技术，区域内产业可进行强强合作，有效增强了区域内产业市场核心竞争力，为区域经济健康发展夯实了基础。

## 二、计算机网络技术助推区域经济发展的良策分析

当今社会，计算机网络技术得以普及应用，为区域经济发展提供技术保障。为了进一步推动区域经济发展，有必要重视计算机网络技术的深层次应用，并重视相关专业人才的培养。

在计算机网络技术得到普及应用的背景下，部分企业信息化建设严重不足，尤其是中小企业，计算机网络技术的应用深度不足，难以充分发挥计算机网络技术的应用价值，助推企业的健康发展。所以，政府相关部门有必要重视自身职能

作用的发挥，借助多种手段，强化计算机网络技术在产业发展中的应用，促使区域各产业能够利用计算机网络技术改造和升级产业，有效提高产业市场核心竞争力，推动区域经济可持续、健康发展。除此之外，区域产业应该借助计算机网络技术，逐渐将产业由劳动密集型转变为知识、技术、信息密集型，为产业健康发展提供保障。

加大计算机网络技术专业人才培养力度。如何利用计算机网络技术，推动区域经济发展，关键在于专业技术人才。因此，区域经济发展中，有必要重视计算机网络技术专业人才的培养。区域内各企业除了重视加强计算机软件研发与利用之外，还需要重视网络硬件的建设及数据处理技术的研究。所以，企业需要立足于人才培养现状，优化人才培养机制，为计算机网络技术助推区域经济发展提供人才保障。

政府扶持计算机网络技术发展。为充分发挥计算机网络技术应用价值，推动区域经济健康发展，政府有必要高度重视计算机网络技术的发展，以计算机网络技术为基础，合理规划区域内资源，并借助网络加强监管，及时解决计算机网络技术助推产业发展中产生的一系列问题，为区域经济稳定发展夯实技术基础。同时，政府需结合产业具体情况，利用纳税等渠道扶持高新技术产业发展。除此之外，为了加快计算机网络技术的发展，政府需要大力支持教育事业的发展，为计算机网络技术的发展培养出大量计算机专业高素质人才。同时，加强网络知识宣传，全面提高全民网络意识，促使人们高度重视网络产业的发展。另外，为了确保网络产业健康发展，需重视网络犯罪打击，营造一个健康的网络环境，推动区域网络产业健康发展。

计算机网络技术在社会各产业中的有效应用具有多种现实意义，集中体现在优化区域经济发展结构、影响区域经济发展要素等方面。所以，在区域经济发展中，为有效提高计算机网络技术应用价值，需重视计算机专业人才的培养，并制定相关扶持政策，推动区域经济健康、可持续发展。

## 第六节　计算机技术的创新过程探讨

计算机技术诞生至今只有70多年的历史，但是计算机技术给人类社会带来的改变却是有目共睹的。随着计算机技术的不断发展，计算机的发展与运用给人们带来了很大方便，同时也对国家的科技发展起到了促进作用。计算机的发展历程虽然不长，但作用是不容小觑的。在经济、科技以及文化上计算机在发达国家中的发展非常明显，要想赶上发达国家的脚步，就要进行计算机技术上的广泛使用，并且实现不断创新与发展。本节从计算机的发展以及创新上着手，主要强调计算机技术的发展前景，以及提高人们对计算机创新技术的认知程度。并且展示了纳米、多媒体、软件等方面的计算机技术发展要点，希望对计算机技术的发展有所帮助。

计算机技术的快速发展与应用是现代化工作发展的主要标志，也是计算机技术融入人类社会的标志，结合社会的需求发挥出自己的优势，给人们的日常生活提供了便利。计算机在丰富人们生活以及提高生产技术的同时，也给人类的生产建设带来了巨大改变，特别是在计算机的创新技术发展上，各个行业都能够进行深层次使用。计算机的优势有很多，它的创新能力强，自身的发展没有局限性，发展的趋势以及覆盖的面积都非常广，能够在各个领域中使用，为人们提供各种各样的便利。在经济快速发展的社会中，要发挥计算机的优势，就必须要从计算机的结构上入手，通过对技术环节的突破来达到计算机运用的最大效果。从纳米技术、网络、多媒体等环节来达到创新，实现计算机技术的有效发展。

### 一、计算机当前的发展情况

目前的计算机发展侧重点在纳米技术、结构等处理器上，想要做好计算机的推广与应用工作，只有从这些技术出发，才能够全面掌握计算机技术的使用。在计算机结构层次方面，对计算机技术分割与重组，才能提高计算机处理信息的能力。通过计算机操作来提高计算机在传输过程中的运行速度与质量。在纳米技术的处理上，应该开辟一个纳米技术在电子行业上的使用功能，在性能上不断提高，给计算机的未来发展提供充分保障。当前的信息处理技术与速度已经达到了一个瓶颈，可以通过计算机的技术分割与重组来让数据得到更好的处理，在每个分割的数据段中加入信息，在标识的数据发送之后，就可以对数据进行传输，这样能够提高数据的通信效果。

## 二、计算机的未来发展趋势

纳米技术将不断发展。纳米实际上是一个长度单位，在计算机技术中融入纳米技术能够开辟新的结构功能，从质量上进行提升。实现结构与功能的共同进步，集成度大量提高，在性能不断发展的基础上，形成计算机未来发展的保证。在未来的计算机领域发展中，计算机的元件基本还是采用纳米技术，不仅能够打破电子元件本身存在的局限性，还能够制造一些与生物相关联的量子计算机，实现计算机性能不断发展的可能。计算机的性能不断创新与发展，是未来的计算机发展主流，纳米技术不会受到计算机技术的限制，不管是在集成还是处理过程中，纳米技术都可以正常进行，还能够实现生物计算机与量子计算机的储存能力提高运行速度提高的想法。

计算机在结构上不断创新。结构是计算机的灵魂骨干，也是计算机取得发展与突破的重要环节。计算机结构技术主要是对计算机的数据进行分割与重组，这样的方式能够提高计算机的数据处理能力。结构是具有很大优势的，能够对机体中的数据进行标记，通过这些标记来提高数据传输的准确性。一台计算机进行多项任务的分配，可以提高用户与计算机之间的关联度，实现较大程度的合作。这样计算机的研究方向就可以从单体到群体过渡，增加计算机系统的可靠性，对计算机计算的改善与创新都具有重大意义。

网络技术以及软件技术上有新的突破与发展。未来的计算机技术与网络技术的关系必然是越来越紧密的。计算机技术在网络上的发展主要体现在计算机与网络之前的结合上，形成网络云技术，促使网络与计算机技术之间的合作更加紧密，使计算机的数据与网络软件在服务器中运作更加方便。软件技术上的突破对计算机发展有很大作用，可以从内部的软件运行上进行完善，还能够从计算机的程序语言中进行改革，运用互联网的通信新技术，来协调计算机中的各项工作，促使在不同区域、不同领域的人使用的网络都能够相互联通，进行协调合作。微处理器算是计算机的大脑，是计算机中的核心体系。微处理器从字面上理解就是越小越好，所以它的发展是不断减小其体积，提高运行的效率。微处理器实现了量子效益，从速度上去展现信息的处理技术。

计算机网络技术的创新与发展。推动计算机的网络创新能力的发展，能够推动计算机的发展。要先对计算机的发展稳定性、显著性以及便捷性进行判断，才能够有效地进行计算机技术的提升，不断让计算机技术被更加科学合理地利用，并且让计算机技术与企业发展进行紧密结合，把传统的计算机技术发展与创新理念相结合，实现计算机技术的跨越发展。计算机的创新是一个持续的过程，不仅要推动计算机的创新文明发展，还要进行科技产品创新。推动与企业相匹配的计算机创新技术，充分根据社会进步来发展计算机技术，计算机的发展也是建立在社会需求上的。

综上所述，从当前计算机发展的情况来看，计算机技术虽然没有经过漫长的发展历史，但创新能力是不容小觑的。短暂的时光却影响了无数人的生活，它的影响力堪比电话、电视等通信产品。本节从计算机的技术发展现状以及对未来的发展预测，来证明计算机的发展前途是一片光明的，道路虽然没有那么顺畅，但依然具有很大的发展潜力。计算机的发展道路是非常广阔的，但前路还是充满艰辛，如果要看到光明的前景与价值，还需要更多的研究与创新。在研究过程中，要加强计算机技术的创新与维护，建立相应的保障体系，在计算机技术的基础上进行改革，实现全面发展。

## 第七节　通信技术与计算机技术创新

本节介绍了通信技术与计算机技术的概念和特点。阐述了通信技术与计算机技术的融合成果，如计算机通信技术、信息技术、蓝牙技术、远程通信技术、多媒体技术、信息库技术。从培养和提升专业人才的业务素质、树立创新思维两方面入手，提出了促进通信技术与计算机技术融合的策略，展望了计算机通信技术的发展趋势，希望计算机通信技术方面能够提升和丰富软件功能，充分挖掘资源利用率，实现更大化的资源共享，使计算机通信技术的价值和功能日益扩大。

## 一、通信技术与计算机技术的概念和特点

### （一）通信技术的概念和特点

概念：早期社会中，国家之间、国家内部不同层级进行联系需要依靠信息传递，随着时代的发展，这种传递变得更加频繁，由此产生了邮驿制度。不同时代传递信息的方式有所不同，在古代用狼烟传递情报，有些国家用鼓点传递信息。如今，电子信息日益发达，信息传递实现了电子化，传递工具也是通过电子设备来完成的，通信技术日益高效与便捷。

通信技术是指快捷、准确和安全地通过网络传递不同类别信息的技术。信息技术的不断进步促进了通信技术的快速发展，其发展种类日益多样化，方式也被不断改进，能够在时间与空间上安全、准确、快速地传递信息给用户。

特点：通信技术的主要特点是便捷性和高效性。随着通信技术的不断发展以及基础设施的不断完善，各地区间的交流越来越顺畅，通信技术的应用范围越来越广泛。现代通信技术在传递范围上不断扩大，而且还能够保证更高的质量和安全。

### （二）计算机技术的概念和特点

概念：计算机技术是现代人广泛使用的重要技术，主要指计算机在应用中使用的技术与方法。其主要内容包括计算机系统技术、器件技术、部件技术以及组装技术。计算机系统技术是其中最关键的技术，它分为结构技术、系统维护技术、系统管理技术以及系统应用技术等方面。

特点：新时期计算机技术具有鲜明的特征。第一，可以自动运行程序。计算机技术能够自动执行编制好后的启动程序，并且完成任务。第二，运算速度更快。由于科技水平的飞速发展，计算机在运算速度方面不断提升，微型计算机可每秒运行几十万条指令，巨型计算机每秒可执行几十亿条指令。第三，运算精度更高。精确度可达到小数点后上亿位。第四，记忆存储功能强大。计算机存储器分为内存和外存，存储量可达到上百兆甚至千兆以上。

## 二、通信技术与计算机技术的融合成果

计算机通信技术：计算机通信技术的优势是传输效率较高，呼叫等待时间较

短，抗干扰能力非常强，同时其通信形式具有较好的兼容性和多样性。计算机通信技术能够有效融合大容量和高速率的通信网络，提升了诸多领域的信息化发展水平，现已广泛应用于经济、生产、军事、教育以及日常生活的各个方面。数字化、网络化和信息化是计算机网络通信技术的核心，它标志着计算机数据处理与网络通信融合的信息时代的到来，未来其应用范围和领域将不断延伸，推动人类的进步与发展。

信息技术：信息技术的核心是计算机技术与通信技术，能使现代化高科技具有先导性和关键性。知识与信息资源经过计算机的转换，形成新的商品即知识产品，是通信技术的加工厂。随着经济的迅猛发展，信息化日益成熟，信息的更新与发展日益加快，新一代信息技术如，云计算、互联网及物联网被广泛应用，使信息类型更丰富和多样化，并且信息传递的时间逐渐缩短，提升了信息传递效率。

蓝牙技术：蓝牙技术是一种无线通信技术，其成本低、开放距离短，具有无线数据和声音的传输功能，传输距离在十几米范围内，蓝牙技术主要功能有蓝牙专用 IC 和通信协议线。

远程通信技术：各个终端设备是通过有线或者无线的方式相互连接的，通过这些方式可以提升信息处理及传输性能，在无线通信技术中表现得尤为明显，它为创建区域网络提供了更便利的条件，从而实现信息的远程传递，具有跨时间与空间的优势，充分发挥了其作用和价值。

多媒体技术：多媒体技术是通过计算机技术对多种信息进行综合处理从而形成人际交互的功能。多媒体技术是计算机技术的产物，其核心控制设备即通信计算机设备，多媒体通信技术有多种表现形式，如远程会议、视频教学等。计算机的适用领域因多媒体技术的发展而发生巨大改变，广泛应用于各个领域，如学校教育、生产管理、军事指挥、日常生活等。

信息库技术：利用计算机技术能够创建完整的数据库，有助于搜集并整理所需信息，提升数据管理效率和质量，同时实现资源共享。常见的应用方式有电话购票、网络购票等，大大提高了工作效率。

## 三、促进通信技术与计算机技术融合的策略

培养和提升专业人才的业务素质。通信技术与计算机技术都是专业性较强的

科学技术，两种技术的有效融合过程也是一个高端技术的研发过程，需要更多高端专业技术人才进行研发。因此，应该重视培养专业技术型人才，不断提升其业务素质和操作能力，以适应和满足社会发展的需要。此外，专业人才还要提高自身的职业道德并树立创新观念。

树立创新思维。通信技术和计算机技术的有效融合提高了服务效率，能够更好地促进社会发展。在融合过程中要注重树立创新思维，使计算机通信技术不断适应新的环境变化，以创新促发展，满足社会发展的需要。

## 四、计算机通信技术发展趋势

计算机通信技术趋于多元化发展，能够提升和丰富软件功能，充分挖掘资源利用率，实现更大化的资源共享，使计算机通信技术的价值和功能日益扩大。总之，经济的迅猛发展，促进了通信技术与计算机技术的深度融合与共同发展。未来要继续拓展创新思路，不断开发创新途径，促进计算机通信技术的发展，更好地为社会服务。

# 第四章　计算机网络安全的理论研究

## 第一节　计算机网络安全存在的问题

计算机网络安全问题一直伴随着计算机网络的发展，而且逐渐变得更加复杂、强大、难以解决。当前计算机网络安全除了要应对病毒入侵、黑客攻击等问题之外，还有很多新问题需要面对。文章着重分析了当前计算机网络安全存在的问题，分析了引起这些问题的关键原因，并针对这些问题给出了相应的解决策略，以促进计算机网络应用的安全性、可靠性，推动计算机网络的健康发展。

计算机网络安全问题一直是备受关注的话题，例如病毒、黑客等，都是我们比较熟悉的计算机网络安全“热词”，计算机一旦被病毒侵入或黑客攻击成功，就可能出现资料丢失、数据泄密、计算机系统瘫痪等一系列问题。因此，解决好计算机网络安全问题是确保计算机网络应用安全性、可靠性的关键。

### 一、计算机网络的发展与安全

计算机网络的发展使信息化、智能化办公成为现实，人们的生活、学习、工作早已离不开计算机网络。随着电子科技的进步，计算机网络正在向“三网一体”的方向发展，计算机网络、移动网络、电视网络合为一体，计算机网络的用途将更为广泛。自计算机网络诞生以来，计算机网络安全问题就伴随着计算机网络的发展。起初，计算机网络系统本身存在一些漏洞，系统网络安全问题也没能得到足够重视，这一阶段的计算机网络安全问题主要集中在操作者的不正确操作和计算机病毒方面。随着计算机网络的发展，计算机应用日益广泛，软硬件设施也得到了快速发展，计算机网络问题除了原有的安全问题，黑客入侵、非法窃取网络信息、垃圾邮件等问题也逐渐突出，这些问题严重影响了计算机网络的持续、快速发展。例如，网络交易安全，若被他人用身份伪装窃取相关信息，就可能造成交易失败，电子银行失窃等后果，使用户承担严重的信息损失、经济损失等。因此，研究计算机网络安全问题，要从计算机本身的特点、人的使用和安全问题的发展几个方面入手，才能有效预防计算机网络使用中的一些不安全因素，使计算机网络的使用更安全、更可靠。

## 二、计算机网络安全问题分析

常见的计算机网络安全问题：计算机网络安全可分为实体安全、运行环境安全和信息安全，当前比较突出的安全问题集中在信息安全方面。首先，计算机网络虽然发展迅速，但其操作系统或多或少还存在一些漏洞。这些漏洞很容易成为黑客的攻击目标，一旦黑客攻击成功，就会入侵正常的、合法的用户的电脑，造成用户资料丢失、资料损坏等一系列的问题。其次，在于网络病毒问题。计算机网络使用过程中，杀毒软件在更新、在升级，病毒类型也在不断变化、强大，在当前的计算机网络使用中，一般的杀毒软件并不能有效地阻止病毒的入侵。再次，计算机局域网的访问控制管理也存在问题。一方面，使用者对计算机网络的访问控制管理太松懈，致使计算机网络安全风险增加。例如，一机两用、一机多用，这种现象的存在使用户密码、用户资料、数据库信息等很容易泄露。另一方面，使用者对计算机网络的访问控制不科学、不合理。例如，权限设置混乱，若出了问题很难排查，计算机网络的使用呈现出人人都在用、人人都能管的情况，出了问题谁也不愿担责任。最后，还有钓鱼网站问题、信息库安全问题等。总之，当前计算机网络的安全问题呈现出多元化、多样性，彻底解决有很大难度。

计算机网络安全问题产生的原因分析：计算机网络安全问题产生的原因可以从三个方面分析。第一，计算机网络自身的因素。例如，计算机网络操作软件的漏洞问题，计算机网络发展过程中安全技术滞后问题等，都是计算机网络安全问题产生的因素。第二，计算机网络使用者的因素。使用者的网络安全意识不强，在无意或无知的情况下泄露账号、密码等，致使计算机网络的应用面临很大的安全风险。又如，计算机网络使用者对密码设置不够重视，系统一般不设置密码，一些敏感的文件在传输过程中也不加密，这样就容易造成数据信息的泄露，致使计算机使用过程中出现网络安全问题。再如，计算机网络的使用者保密意识不强，随意将自己的个人信息（例如：生日、特殊纪念日等）泄露出去，被一些别有用心的人轻易获得，并加以利用，造成用户计算机网络应用的风险和损失。第三，计算机网络运行的环境安全因素。一方面，计算机网络的运行要进行风险分析、数据备份等，才能降低安全问题的出现概率。另一方面，社会诚信的缺失也是造成计算机安全问题的一大因素。因此，完善和改善计算机网络运行的环境可以有效降低计算机网络安全风险。

## 三、计算机网络安全问题解决策略

（一）防毒杀毒技术的科学应用。防毒杀毒的基本手段就是应用杀毒软件和防火墙，例如，360 安全卫士、电脑管家、金山毒霸等软件都能有效防止计算机网络病毒的入侵，并且对已入侵的病毒进行清理。可是当前的网络病毒也在不断地发展，例如，蠕虫病毒、木马病毒等。一般的杀毒软件和防火墙并不能有效阻止不断变化的病毒，这就需要计算机网络使用者对杀毒软件进行升级和维护，以确保其有效查杀病毒。首先，计算机网络使用者应经常查看电脑日志，对计算机潜在的安全风险进行分析，并定期、不定期地对计算机进行病毒查杀，以有效阻止病毒的入侵。其次，规范优盘、硬盘的使用，避免因其使用造成的病毒传播风险。再次，不要随意打开不熟悉的网站，例如，钓鱼网站，利用一些用户可能感兴趣的信息引诱用户打开或下载其软件，还可能在浏览网页的时候自动下载其他软件，这些软件中可能携带着病毒，其操作都有潜在的安全风险。最后，不随意浏览陌生网站也是预防计算机病毒的一种手段。

（二）防黑客技术的应用。黑客入侵计算机的目的很复杂，有的是为了盗取、破坏文件资料、窃取数据；有的是为了监控、操作电脑；有的纯粹是为了好玩。但不论哪种目的，对计算机网络造成的安全隐患是不容忽视的。第一，黑客入侵的常见手段就是利用病毒侵入、攻击计算机，防护的手段自然是安装杀毒软件，并有效地进行病毒查杀，详细策略可参考上文。第二，重视系统、文件的保密工作，对计算机进行加密，对传输的敏感文件进行加密，这样可有效阻止黑客的攻击。第三，学会分辨和判断垃圾邮件，不轻信邮件、短信等形式传播的内容。对于各类信息要认真辨识，不轻易透露个人信息，避免黑客利用这些信息对计算机进行攻击。

（三）提高个人计算机网络安全意识。不管是病毒引起的计算机安全风险还是黑客攻击造成的计算机安全问题，归根结底都需要使用者提高自身的计算机安全意识，才能有效规避计算机安全风险。例如，密码的设置，很多人嫌麻烦，不设密码，或密码设置得很随意，这就容易让“有心之人”有机可乘。因此，密码的设置不要设成单一的数字密码，最好数字和字母相结合；密码的设置不要为了便于记忆设成统一密码，要分别对待，而且要在一定时间内做必要的修改，以确保密码的有效性、可靠性；密码的设置不以生日、电话号码等数字为基础，自己的个人信息要严格保密。这样能有效地提高计算机网络的安全性、可靠性。又如，设置较为复杂的网络连接密码，以提高局域网的网络安全性，减小计算机网络安全风险。再如，专机专用，减少或避免一机两用、一机多用的计算机办公形式。规范计算机的使用方法，合理设置计算机使用权限，增强计算机网络安全宣传，使个人能够有效保护自己的账户、密码等，以提高计算机网络应用安全。总之，提高大众的计算机网络安全意识，才能更有效地利用计算机网络安全技术预防和解决计算机网络安全问题。

计算机网络安全问题不仅影响了计算机网络的发展，还严重影响到用户的使用效率，影响到用户使用网络的安全性、可靠性。当前，针对计算机网络安全问题，不论是从技术方面还是网络使用环境方面，我们都进行了深入研究，除了本节提到的网络安全问题解决方案外，还有法律、法规等约束互联网的使用，以法律为“保护伞”降低计算机网络安全风险。但计算机网络发展、应用的形式在不断变化，计算机网络安全的一些潜在问题也逐渐显露出来，例如，计算机软件开发中的不良竞争，为了争抢用户而导致了计算机网络应用风险增加，这些也是我们需要考虑的计算机网络安全问题。因此，对于计算机网络安全存在的问题，我们要以动态的研究方式去分析、去解决，这样才能保障计算机网络更加安全、可靠地发展。

## 第二节　黑客及计算机网络安全研究

随着信息技术与网络的发展，计算机在给人们的生活和工作带来便利的同时，也面临着严峻的安全问题，其中黑客和计算机网络安全问题一直受到人们的关注。本节首先介绍了黑客以及黑客技术的相关含义与发展历程，其次对黑客和计算机网络安全之间的关系进行了分析，最后针对如何提高计算机网络安全性提出几点建议。

目前，网络安全已成为影响国家安全和社会稳定的重要因素。黑客是计算机发展的重要衍生物，在全球范围内分布广泛。名为 Hacker 的人群，热衷于研究和撰写程序，具备追根究底、穷究问题的特征。其中还有一部分被称为“Cracker”的黑客，这类人群为牟取利益，不惜入侵他人电脑，给人们带来巨大的经济和精神损失。随着在线网络交易、电商以及网络游戏的发展，网络安全与普通大众的关系也日益密切，因此黑客与网络安全问题逐渐受到人们的注意。

## 一、黑客简介

（一）黑客的由来。黑客最早源自英文 Hacker，指的是那些发现、研究计算机网络漏洞的人。随着计算机网络的发展，黑客们对计算机的兴趣逐渐增加，其不断地研究计算机结构和网络防御知识，力求找到计算机网络中存在的缺陷，并且不断挑战、破译难度系数较高的网络系统，然后向需要的人提出解决和修补漏洞的方法。然而，当今的黑客早已改变了初衷，丧失了职业道德，为了眼前利益，利用不正当手段破坏网络安全，甚至从事违法犯罪行为，这种变质的黑客被人们称为“黑客”。

（二）国内黑客发展历史。我国黑客历史大概分为三个阶段，即懵懂时期、质变时期和发展时期。

1. 懵懂时期。该时期是指我国互联网刚刚起步阶段，时间大约在 20 世纪 90 年代，一些热爱探索的中国青年受国外黑客技术影响，走上了研究网络安全漏洞的道路。在这个时期，中国黑客们之所以选择这条道路，大多是因为受个人的兴趣爱好以及强烈的求知欲和好奇心驱使。此时的黑客在研究网络安全问题时，没有掺杂任何利益偏向，这使得中国网络安全技术飞速发展。此时的中国人紧紧跟随世界发展的脚步，通过互联网看到了更加广阔的世界。所以，懵懂时期的中国黑客精神与国外是一脉相承的。

2. 质变时期。中美黑客大战标志着中国黑客历史进入质变时期。这个阶段，黑客们互相攻击他国网站，保护自国网站不受伤害。黑客宣扬的文化及其信奉的自由、分享、免费精神吸引着许许多多的人投身到这个行列中，这导致各种黑客组织如雨后春笋般涌现，一发不可收拾。该时期中国黑客逐渐开始创业，提供相关网络安全服务与安全产品。在该过程中，中国互联网格局开始发生变化，漏洞贩卖、恶意软件等问题出现得日益频繁，一些新兴黑客群体没有坚守黑客底线，开始出现以营利为目的的攻击行为，黑色产业在这个时候正式拉开帷幕。

3. 发展时期。随着网络安全问题日益严重，人们逐渐意识到网络安全的重要性，市场开始变得更加成熟，一些有抱负的安全工程师开始采取应对措施，为我国网络安全技术发展做出了不可磨灭的贡献。此时，黑色产业仍在继续，但仍有许多默默无闻的人坚守黑客精神，为保护网络安全尽着自己的一份力量。

## 二、黑客技术及其发展

（一）黑客技术内涵。简单来说，黑客技术是发现系统和网络缺陷与漏洞，并针对这些问题实施攻击的技术。黑客技术具有极大的破坏力，同时对于提升网络安全也有许多可取之处。

黑客技术是客观存在的，具有防护和攻击的双面性，与国家的国防科学技术类似，黑客技术不断推动计算机网络的发展，使程序员们不断完善自己的程序。对黑客技术的认识，要像对待核武器一样，不能因为它具有较强的破坏力就全面否定它。黑客技术如同科学家发明创造，需要经历漫长的时间，通过反复测试、分析代码以及编写程序等一系列工作。

（二）黑客技术的发展。早期黑客技术还不完善，多数黑客以攻击系统软件为目标。此外，该时期的网络技术同样不成熟，攻击系统软件就能直接获得 root 权限，此方法简捷有效，而且这种攻击方法带来的危害也是巨大的。随着网络技术的发展，防火墙技术能够阻止外来用户非法进入内部网络，安全加密技术能够隐藏本机信息内容，这两项技术在很大程度上保护了直接暴露在互联网上的系统。

## 三、黑客与计算机网络安全

黑客攻击与安全防御，二者看上去是矛盾关系，却为从事计算机网络安全保护的工作人员提供了一些研究方向。别有用心的黑客通过寻找系统的漏洞达到入侵系统的目的，而网络保护人员就必须找到系统所有弱点进行完善。黑客的存在使得计算机网络安全维护更加困难，同时也更加严谨。

为防止黑客行为，计算机网络安全保护人员采取了许多措施，如屏蔽可疑 IP 地址、过滤信息包、修改系统协议以及使用加密机制传输数据等。总的来说，主要有以下几个方法：使用复杂密码、提高警觉、定期更新补丁、安装信任来源的软件、不在公用环境下载文件、定期系统检测和病毒扫描以及注意路由器与公用网络的安全性。

黑客寻找计算机安全漏洞进行攻击，程序员同样可以通过分析黑客行为来完善计算机安全系统，双方以网络安全为桥梁进行博弈。在这个过程中，网络安全技术不断更新进步，计算机网络系统也更加完善。

随着网络技术的快速发展，网络安全维护显得越来越重要。防御技术在不断完善的同时，攻击技术也在不断发展。从某种方面来说，黑客与网络安全是同时产生的，这注定二者必将有着密切联系，为计算机行业的发展提供重要的推动力量。

## 第三节 网络型病毒与计算机网络安全

本节以此话题展开研究和讨论，其目的是在分析网络型病毒的基础上，提出现代计算机网络安全所面临的一些问题，并且提出相应的解决措施，以有效应对网络病毒对计算机网络所造成的安全威胁。

随着现代科技日新月异的发展，信息化模式开启了一个全新时代，人们对计算机网络的依附程度越来越深，计算机网络技术逐渐深入到每个人的生活中，成为人类生产生活中必不可少的组成元素，极大地推动了社会的发展。计算机网络技术服务于人类的同时，也存在着一些问题需要改进，其中就涵盖网络型病毒对计算机网络安全的侵害和影响，因此如何做好计算机网络安全防御工作就成为当代人需要思考的重点话题。

### 一、网络型病毒的特质

（一）人为因素隐患。网络型病毒的出现有着特定的原因，人为因素占据着一定的比例，网络技术的操作程序是通过计算机相关技术人员对程序代码编制来实现的，但是在这项技术流程在投入使用过程中，要经由网络的传输过程，在宿主计算机内部工作程序中的上传文件、删除、恢复等操作行为，可以威胁到计算机杀毒软件的安全性，从而极大提高了计算机网络的使用风险，制约了计算机有效运行的发展状态。随着计算机技术的广泛普及，在人为编写计算机程序的时候由于防范能力不足，因此造成了多种网络型病毒的侵害，网络型病毒的感染力、破坏力也在逐渐增强，这样的状况严重制约了计算机网络安全工作的顺利进行。

（二）病毒作用机理隐患。网络型病毒的作用机理分为两种类型，即蠕虫病毒和木马病毒两种。蠕虫病毒借助网络这个环境进行大面积的病毒繁殖，能够摧毁计算机网络系统结构，造成极大的网络污染，是计算机网络安全运行程序中的一种潜在危险。木马病毒是迥异于蠕虫病毒的一种病毒类型，木马病毒不会主动侵袭和污染网络环境，而是在网络用户下载文件的过程中乘机潜入计算机系统内部，之后对计算机内的指定文件进行上传，或是通过控制宿主计算机的方式使计算机系统坍塌和崩溃，对计算机网络安全造成了极大的威胁。

## 二、影响计算机网络安全的要素

从互联网安全形势的发展状况，以及迄今为止计算机网络安全事件的频发现状可以知道，影响计算机网络安全的要素是必然存在的，影响计算机网络安全要素可以分为以下几个方面：

1. 互联网的开放性。互联网的开放性体现在人们访问互联网的时候要通过TCP/IP 协议进行约定，该协议对于拥有互联网的网民进行全面开放，因此在用户使用互联网的过程中可以引发黑客利用协议的漏洞所产生的攻击行为，从某种程度上讲互联网这种开放性特征，为计算机用户在使用计算机的过程中造成了一系列困扰，制约了计算机网络的持续发展。

2. 用户的不良使用习惯。随着信息化网络技术的普及，计算机不断进入人们的视野，使用计算机的用户越来越多，有些用户为了避免对话框弹出频繁影响正常使用效果，降低了防火墙的设置等级，这种设置为用户带来了使用风险。与此同时，在杀毒软件提示更新病毒库的情况下，由于不能及时下载并更新，造成病毒入侵计算机，计算机病毒的防御能力开始降低，尤其体现在蠕虫病毒突发的情况下，计算机就会感染蠕虫病毒，出现系统坍塌的状况，影响计算机的使用效率。

## 三、计算机网络安全实施措施

随着计算机使用范围的扩大，计算机网络安全问题一直是困扰人们的难题，为了保护网络数据，避免计算机的网络病毒感染，需要采取切实可行的措施。

1. 改变使用计算机网络的习惯。如上所述，因为人为因素可以导致计算机网络系统被病毒侵害，因此网络用户在使用计算机的时候，应该严格遵守计算机网络规则，养成良好的使用习惯。

（1）对于计算机操作过程中出现的漏洞要定期检查并且及时修复，避免木马的入侵导致计算机系统内部被破坏。

（2）在计算机运行系统中安装杀毒软件，要对杀毒软件的病毒库进行频繁更新。

（3）由于网络型病毒具有极强的破坏力，计算机如果不慎感染网络型病毒，就会面临内部信息库和数据库丢失的危险，为了避免这种情况的发生，在使用计算机的时候，应该养成随时随地备份数据的良好习惯。

（4）在下载文件和对移动存储设备进行拷贝文件的时候，应引入杀毒软件对文件进行全方位查杀，之后再进行后续的操作过程。

2. 合理设置防火墙安全等级。防火墙是计算机网络防御系统的第一步，因此对防火墙的设置非常重要。通常情况下若网络安全环境处于最佳状态，计算机防火墙的等级可以设置为中级。当具有安全风险的访问请求出现的时候，防火墙会及时发出提醒，用户可以根据提醒确定是否同意其进行访问。在网络环境恶劣的状态下，可以提升防火墙的设置等级，避免感染型病毒的入侵。

3. 安装网络数据流量侦听软件。计算机在感染网络病毒的时候，网络病毒为了获取计算机中的相关数据和信息，就会通过后台向特定网络地址发送计算机中的数据和信息，从而使计算机网络数据流量不断增加。为了杜绝这种情况的发生，保护计算机使用的安全性能，可以通过安装网络数据流量侦听软件的方法，对网络数据流量动态及时监控，在流量出现异常的时候，如果可以确定这一运行程序属于网络病毒程序启动，应该立即终止程序进程，彻底清理病毒文件，并且利用杀毒软件将病毒数据信息上传到网络数据库。

综上所述，随着网络信息技术的迅速普及，计算机网络技术在推动人类文明向前发展的时候，也给人们的生活带来了很大风险。因此应该从网络病毒的特点及作用机理进行讨论，并且在此基础上采取适宜的技术和方法对网络病毒进行预防，提升计算机的网络安全程度。在日常生活中使用网络计算机的时候，一定要采取科学有效的方法，养成良好的应用习惯，掌握计算机网络防御病毒的相关知识，才可以有效降低网络病毒出现的概率。

## 第四节　计算机网络安全与发展

计算机是现代人生活不可缺少的一部分，随着社会的发展，互联网发展越来越迅速，计算机互联网技术在方便人们生活的同时，也带来了安全隐患，当前各种计算机病毒侵袭、黑客网络攻击、用户隐私信息泄露等安全问题造成了许多有价值的信息的流失，不管是对网络运营商来说，还是对广大用户来说，都是巨大的损失。

信息化的到来，让互联网的发展十分迅猛，在网络上，很多企业通过计算机进行信息的采集和查阅，个人也可以通过计算机进行信息的阅览，计算机成为我们生活中非常重要的一部分，利用计算机可以扩大通信范围，将资源进行优化。互联网的存在具有开放性特征，当人们在使用计算机网络的时候，网络信息会泄露，网络数据会被盗，计算机安全问题成为我们非常需要重视的问题，本节主要从网络的安全与发展进行研究，通过研究来加强计算机网络安全技术的应用。

### 一、安全技术的应用

（一）设置防火墙。防火墙是一种保证计算机安全的新技术，主要是在计算机网络之间形成一种互联网通信监督，网络防火墙是一道很好的屏障，可以防止不信任的网络侵入，将网络安全隐患降低。将一些不稳定因素或者病毒的侵害进行设置，当这些侵害出现时，防火墙就会及时进行排查，屏蔽黑客和病毒。此外，在使用防火墙技术访问的时候，需要将互联网的内部结构正确地连接，将互联网的数据存档，减少信息安全泄露的问题。设置防火墙的主要目的是保护我们目前使用的网络安全，让外界的网络无法入侵。也就是说用户在进行互联网传输的过程中，需要进行数据传输，防火墙可以通过程序设定，这种设定能够帮助网络监控好数据，排查安全隐患。数据被破坏的时候，网络防火墙会进行阻拦，保证用户的信息安全。

（二）网络加密技术。网络数据加密其实是对用户网络的保护，主要是利用加密钥匙等对互联网信息和传输的数据进行保护，数据传输和接收都需要这样的钥匙进行处理，才可以保证数据安全。在这个过程中，加密钥匙可以将数据信息进行隐藏，也可以进行其他的设置，其主要的目的就是保障数据的安全性。加密钥匙的安全功能成为互联网安全非常重要的一部分，在操作过程中需要提高互联网安全意识，防止互联网数据被盗。

（三）外部系统进行检测。在计算机网络系统的使用过程中，外部的系统经常会通过各种方式导入，当外部系统进入内部使用的网络中时，会威胁内部网络的安全，这就需要对网络进行很好的检测，检测的同时对计算机进行实时监控，如果发现不明网络信息可以及时进行网络监控限制，将具有安全隐患的信号隔离，并及时发出报警提示。在计算机网络安全防范的工作中，经常会检测出一些安全漏洞，如果计算机遇到了这样的问题，需要通过外来检测系统采取相应的措施发出警示，确保安全性。

## 二、网络技术安全存在隐患

网民缺乏安全保护知识。现在大多数的网民对计算机安全缺乏必要的知识，这样让很多不法分子有了可乘之机。随着网络技术越来越发达，很多人喜欢浏览社交平台的网页，在浏览过程中，社交平台会通过隐藏页的方式弹出一些对话框，让网民注册信息观看。观看之后，一些潜藏的病毒就会侵入网民的档案，造成档案信息泄露，这些安全问题虽然可以通过用户的安全意识进行防范，但是由于使用者的安全意识比较差，造成了这样问题的发生。这种问题不仅仅发生在网民身上，很多网络管理人员对网络上的安全隐患也不能做到及时排查，在使用的时候也是毫无防备地被病毒或者黑客侵害。网络安全对网络管理人员的要求更高，他们监管网络，首先要提高自身的防范意识，对于一些常见的网络隐患和网络安全问题需要及时地检查，提高自身的网络安全意识。

计算机软件开发存在问题。计算机软件在开发组织结构方面存在着问题，其中一些网络系统会存在内部和外部问题，这些管理的运行需要运用特定程序来管理。当这些程序存在一定缺陷时，就为攻击者提供了机会。同时网络内部也存在着一些不稳定因素，在安装和下载以及卸载的过程中，尤其是从网络上下载，不安全因素会大大增加，因为网络上很多的文件都带有插件，这种插件风险比较大，一旦在下载的过程中附着病毒，后果可能是导致整个系统崩溃。

## 三、计算机网络如何发展

计算机网络的发展离不开政府的支持，国家大力倡导加大网络安全技术的维护，将多部门联合形成防御部门，将防火墙的应用和加密钥匙等防御工具进行升级，促进网络安全技术的良好发展。同时，网络需要各方面普遍认识到网络安全的重要性，网络用户不断增加，需要安全意识保驾护航，这样才能使不法分子无法钻空子，保证计算机网络的健康发展。

计算机网络安全是当下社会比较重视的问题，网络安全时时刻刻影响着人们，在网络安全技术快速发展的今天，越来越多的网络技术作用于我们的生活，提高网络安全意识，使网络环境安全化需要社会各方面的支持，需要网络管理员提高自身素质，还需要受众提高网络安全意识，这样，计算机网络才能快速发展。

# 第五节　“云计算”环境中的计算机网络安全

云计算技术的出现，虽然给计算机网络带来较大的变革，给人们的工作和生活带来很大的便利，但计算机网络的安全问题仍是人们关注的焦点。本节对云计算技术进行简单的介绍，并对云计算环境下计算机网络安全问题和网络攻击方法进行深入分析，并提出了一些实用的网络安全防护技术。

随着互联网的迅速普及，网络已经涉及人们的生活和工作的很多方面，随着云计算技术的发展，互联网的开放性、共享性得到进一步扩展。同时，病毒、木马和黑客攻击程序等安全问题也不断凸显出来，对计算机网络造成了威胁，所以需要我们对云计算环境下的网络安全问题进行分析，并制定出有效的防护措施。

## 一、云计算技术简介

云计算是以互联网技术作为基础的新型计算技术，可以根据具体需求给计算机和智能手机等终端提供云资源，可以实现数据资源的云端共享。云计算采用分布式处理方式、云存储技术和虚拟技术可以更好地减少成本，可以为人们提供便捷的网络服务。云计算不是一种特定的应用，可以根据用户需求开发多种应用，应用程序可以在云端运行。采用云计算技术可以节省对计算机等设施的投入成本，减少用户资金压力，计算机的性能也会得到有效提升，还能够减少对软件维护的支出。在云计算环境下，计算机中的数据无法被黑客盗走、破坏，从而保证数据信息的安全。

## 二、云计算环境下计算机网络安全问题

（一）云计算技术安全问题。云计算服务给人们的工作和生活带来了便利，如果云计算服务器出现运行故障等问题，用户的网络服务就会中止。随着科学技术的进步，以 TCP/IP 网络协议作为核心的网络技术得到了发展，但网络安全性仍然没有完全解决，虚假的网络地址和硬件标签问题仍然较为突出。

（二）云计算网络需要解决的问题。现在的网络环境当中，计算机病毒的存在是很难彻底根除的问题，同时还有一些黑客进行非法攻击，云计算中存储的大量数据对黑客有着极高的利用价值，黑客可以凭借计算机和网络技术进入用户电脑系统和云计算账号中，对存储的信息进行窃取和篡改，云计算无法保证云端数据的安全性，使得云计算用户对云端服务失去信心。同时，由于计算机网络配套的法律制度还不健全，无法有效对非法人员进行处罚，所以需要制定出完善的网络数据保障体系，采用法律的手段进行管理。

（三）云计算内部安全问题。互联网规模不断变大，给非法窃取用户数据信息的黑客提供了海量资源。云计算技术发展给用户提供了更好的数据存储平台，但在数据传输过程中存在着被窃取的风险。云端的数据虽然对其他云端用户进行保密，但是如果提供云端服务的企业的人员利用网络技术，则可以轻松获取到用户的账号和密码，从而使云端服务企业失去信用。

## 三、计算机网络攻击方法

（一）利用网络系统的漏洞进行攻击。由于网络管理人员的工作疏忽，或者网络自身存在漏洞，一些黑客根据网络系统和计算机的漏洞便可以进入服务器系统中获取账户和密码。所以需要我们做好网络系统漏洞修复工作，加强网络管理，培养管理人员的计算机能力，为系统及时安装补丁，以更好地对系统漏洞进行修复。

（二）采用电子邮件进行攻击。CGI 和邮件如果被黑客利用，就会向用户发送大量的垃圾邮件，使人们无法使用邮箱，影响正常的信息交流。用户可以及时安装垃圾邮件处理软件，保证邮箱可以正常应用。比如，采用 Outlook 等软件实现邮件的接收。

（三）攻击后门软件。有些黑客通过得到电脑的用户权限实现对电脑的控制，后门软件分为用户端、服务器端两类，黑客进行非法攻击时多采用登录用户端来登录用户电脑。服务器端的应用程度比较小，可以把该后门程序附在其他软件上，用户下载应用软件并安装到服务器上时，就为黑客安装了后门软件，该类软件有着很强的重生能力，清除存在着较大难度。

（四）拒绝服务攻击。黑客会把大量的无用数据包不断地发送到被攻击的服务器，从而把服务器的空间完全占满，使得服务器无法为用户提供正常的服务。这就使得用户无法进入网站，严重情况下会使服务器瘫痪。为了防止服务遭到攻击，需要服务器端安装好防火墙软件，或者利用伪装软件把服务器的 IP 地址隐藏起来。

## 四、云计算环境下网络安全防护技术

（一）漏洞扫描技术。漏洞扫描技术可以使网络主机进行自动检测，对 TCP/IP 数据端进行查询，记录主机的响应情况，并获取特定项目中的信息。主要采用程序安全扫描的方法来实现对漏洞的检测，需要在较短的时间内，把计算机网络系统中的安全薄弱部位查找出来，完成扫描之后将信息状态输出，为程序调试人员提供参考。

（二）防火墙技术。利用网络防火墙技术可以对网络访问进行有效的控制，防止不法分子进入计算机系统中，是安全防护内部互联网的有效手段。当外部不法分子企图进入内部网络时，内部网络信息会通过防火墙进行过滤，对互联网的信息流进行安全控制，可以抵御外部不法分子对内网的攻击，为用户提供安全的云端服务。

（三）病毒防护技术。防止计算机系统受到病毒入侵和破坏，可以采用主动的网络病毒防御技术，准确识别和判断病毒，从而进行有效的拦截和隔离。采用单机防病毒软件，可以实时监测计算机资源，定期对计算机进行扫描，如果存在计算机病毒则可以立即清除，从而保证计算机系统和存储的文件资料不受到破坏。互联网防病毒软件主要针对互联网上流通的病毒，如果应用网络中存在着病毒，网络防病毒软件可以及时发现并进行处理。

（四）网络访问控制技术。为了更好地保护计算机内的数据信息，避免不法人员突破管理权限，网络访问控制是对网络安全进行有效防护的主要手段。网络访问控制技术主有对资源访问的权限、属性控制等，网络访问控制为云计算提供了更好的控制办法，建立起网络访问控制权限，对用户的访问区域进行界定，当用户获取网络资源时，可以实现对入网站点和时间等方面的控制，进一步减少黑客不法访问云端数据的可能性。

（五）加密授权访问技术。在众多计算机网络安全技术当中，和防火墙功能比较相近的还有数据加密处理技术、网络用户授权技术等。对用户在网络中传输的数据进行加密，或采用用户授权访问控制的方法，由于其具有很好的安全防护性能，已经在开放性网络中得到了大量应用。网络数据加密处理技术，是对传输中的数据加入密钥的一种技术，多采用公开密钥加密技术，由于公密钥是对外界公开的，人们可以利用公密钥来对数据进行加密，结合用户实际需要，把进行加密处理之后的数据信息传送给采用私密钥进行加密的用户，而私密钥则是完全保密的。

综上所述，随着云计算、大数据技术的广泛应用，计算机网络安全问题得到了人们的关注，对网络安全进行防护变得更为紧迫。采取有效的网络安全防护技术，可以更好地保证用户数据信息的安全，分析云计算环境下的网络风险。只有对采取的安全管理策略进行合理调整，提高网络管理人员的综合素质，才能构建起安全的互联网系统。

# 第六节　大数据时代的计算机网络安全

大数据时代已经到来，网络安全隐患给诸多的企业及个人带来了威胁和挑战。加强网络安全方面的管理工作，对维护社会稳定具有极其重要的意义，在大数据时代背景之下，网络安全是非常关键的。文中从当下大数据网络安全的相关问题展开分析，给网络安全的防范问题提出一些应对策略，希望对国内计算机网络的发展能有一定的帮助。

大数据时代下，计算机技术迅速发展，在诸多领域被广泛应用，为企业发展提供先进的科技支持，在计算机网络辅助下，数据信息在经济、政治以及生活中发挥了重要的作用，借助网络实现信息传递以及共享，大量的信息服务也对网络造成了诸多的威胁。

## 一、大数据及计算机网络安全

（一）大数据。从表面上看就是大量数据的意思，有着多样化的特征，当下数据总量不断增加，计算机数据处理也不断提速。在数据处理中，云计算技术的应用让计算机网络的整体性能得到提升，以云计算为数据中心，改变了人们获取信息的方式。从原本的有限信息，到现在的个人计算机以及无形终端。大数据类型多、数量庞大，被运用到诸多产业中，但是网络传输的安全隐患，必须引起我们的高度重视。

（二）计算机网络安全及潜在威胁。网络安全，就是在一个环境中，借助必要的管理制度以及网络技术，保证网络信息传输的保密性以及安全性。在大数据时代，信息传输多样化，网络介质复杂，对网络安全的影响因素是非常多的，其中一些是人为因素，一些则是系统漏洞导致，对网络安全造成极大威胁。

## 二、大数据时代下计算机网络安全问题

（一）系统漏洞。从理论上看，当下的任何网络系统都是有漏洞存在的，无论是被广泛运用的 Windows 还是 Linux，这些系统本身都存在漏洞，其存在是客观的因素，可以进行控制以及预防。然而，还有硬件以及软件的漏洞，用户进行

软件下载的时候，容易有所疏忽，形成一定的安全隐患，这其中的漏洞，对计算机网络造成的破坏是十分严重的，并且这种情况难以预测，不法分子会利用这些漏洞窃取人们的信息、数据以及隐私，给网络环境带来诸多的隐患。

（二）信息内容安全。在大数据环境之下，计算机网络中有着庞大的信息流，其内容是十分错综复杂的，在诸多信息中，基于网络环境本身的开放性，数据自身安全系数有所降低。对信息内容安全造成潜在威胁的主要是信息泄露以及破坏的行为。而造成信息泄露以及破坏最主要的手段就是非法窃取以及病毒攻击。

（三）人为操作不当引起的安全隐患。计算机网络中，很多隐患是人为因素造成的，其中有一些是无意操作，一些则是恶意操作。计算机网络被运用到诸多领域中，然而用户对计算机网络的操作技能是高低不一的，不是所有的人都能够掌握计算机网络的安全技能的，也不是所有人都对计算机网络的相关规则足够了解的，如果个人操作不符合安全规则，其失误就会导致网络出现安全隐患，如一些重要的信息被破坏，给不法分子可乘之机。很多的信息被不法分子获取，就会造成十分严重的损失。

（四）另外也有些是恶意攻击，让计算机网络面临威胁。不法分子借助各类违规操作，窃取或者破坏计算机网络的信息，让信息有效性降低。或者是在不影响网络运行的情况下，进行信息的获取以及截取，盗用计算机用户的信息，对计算机安全造成威胁，形成十分严重的后果。

（五）网络黑客攻击引起的安全隐患。黑客对计算机网络来说，是非常有隐蔽性的一种威胁，破坏力也是非常强的，当下网络信息的价值密度降低，运用计算机网络的分析工具，难以对隐蔽的黑客行为进行识别，若是黑客用非法手段对计算机网络信息进行获取，就会给网络安全造成严重危害。

（六）网络病毒。计算机网络的整体发展是十分迅速的，也造成了一些病毒的出现。网络病毒的蔓延，时刻对计算机网络造成影响。计算机有着复制性，病毒容易在计算机网络的内部进行传播以及干扰，若是计算机网络被病毒入侵，系统运行就会受到病毒的破坏，这样不仅会破坏计算机网络上的应用程序，还会导致数据信息被窃取，严重情况下整个系统会陷入瘫痪。

## 三、大数据下计算机网络安全防范措施

（一）防火墙和安全检测系统的应用。对计算机网络采取防范措施，要建立安全管理体系，在技术上要加强对网络安全的维护，为了抵御外部的恶意攻击以及病毒，常用防火墙给计算机网络提供保护，对恶意信息进行阻止。防火墙借助拓扑结构，对计算机网络展开防护。当下在诸多的公共网络以及企业网络中，防火墙技术被广泛应用，是安全管理的一种手段。一般情况下，防火墙会将数据系统分成内部以及外部两个部分，内部的安全性更高，人们可以将信息储存在内部系统中。另外防火墙可以对系统进行检测，将其中的安全隐患清除，在很大程度上可以避免数据被破坏或者攻击。

（二）防范黑客。黑客行为对计算机网络造成严重的威胁，因此要整合大数据，建立黑客攻击的模型，并提升对黑客识别的速度，经过内外网的隔离，强化防火墙配置，来降低黑客攻击计算机网络的可能性。另外要推行数字认证技术，控制访问数据，建立完善的认证渠道，防止系统被非法用户访问。

（三）加强网络安全管理。计算机网络的管理人员在管理方面的疏漏可能会导致网络漏洞的出现。计算机网络的管理人员需要注重日常的管理以及维护，个人用户要注重网络安全，熟悉网络安全的特征，对网络信息展开管理。在技术允许的情况下，要关注大数据下的网络安全防护，对系统采取安全管理措施。机构单位在对计算机网络展开应用时，要建立动态管理制度，借助较强的安全防护措施，建立计算机平台，加强对网络安全的重视。

（四）杀毒软件的安装和应用。计算机网络的发展是十分迅速的，病毒也随之发展，常见的病毒有木马、蠕虫等，在对计算机网络展开应用时，要注重防止系统受到病毒的感染以及攻击。值得庆幸的是，当下在计算机行业有诸多的厂商已经开发出云安全技术以及杀毒软件，并且有很多都是可以免费使用的。注重和加强对杀毒软件的开发以及普及杀毒软件的应用，可在很大程度上减少病毒对计算机网络的破坏。

强化信息存储和传输。在计算机网络的实际应用中，保证信息存储以及传输的安全，可以借助加密技术，实现对数据的加密传输，这样可以避免受到非法分子的窃取，因为非法分子无法读懂密文，所以即便是信息被窃取，他们在其中也

是无法获取到有效内容的，从而避免用户的财产受到损失。

大数据下计算机网络被运用到诸多的领域，技术的发展也是十分迅速的，然而计算机网络的实际发展，也面临诸多的安全隐患，为了维护好计算机网络的安全，需要注重各类技术以及管理制度的完善，保证网络信息的安全性以及稳定性，避免网络安全方面存在隐患。

# 第五章　计算机网络安全的实践应用研究

## 第一节　基于信息安全的计算机网络应用

本节主要阐述了计算机网络安全与虚拟网络技术的基本内容，并对虚拟网络技术在计算机网络信息安全中的具体应用进行了深入研究，以期在推动互联网技术进一步发展的同时，为公司和企业的信息化建设贡献更多力量。

### 一、计算机网络信息安全与虚拟网络技术的基本概述

（一）计算机网络信息安全的概念和要素。简单来讲，所谓的计算机网络信息安全主要指的是在计算机运行过程中，为防止信息被有意无意泄露、破坏、丢失等问题的发生，让数据处于远离危险、免于威胁的状态或特性，其主要包含了完整性、保密性和可用性的三大要素。而相关数据调查显示，由于黑客入侵和攻击等人为因素以及受火灾、水灾、风暴、雷电、地震或环境（温度、湿度、震动、冲击、污染）等自然灾害的影响，计算机网络信息在运行过程中，其完整性、保密性和可用性会受到一定威胁，给企业发展造成一定影响的同时，也极大地降低了计算机网络的信息安全度。

（二）虚拟网络技术的概念和特点。作为虚拟网络中的重要内容之一，虚拟网络技术主要指的是计算机网络中随意两个节点相互连通的状态，但与传统物理连接线路不同，它是搭建在公共网络服务商提供的专用网络平台上，让使用者所需求的信息通过逻辑连接线路进行传递。从现实角度来讲，虚拟网络技术能够很轻松地将用户和相关信息联系起来，既保证了互联网的稳定运行，也显著提高了传输数据的安全性，为企业的高效安全发展奠定了良好基础，且从目前来看，虚

拟网络技术主要包括隧道技术、加密技术、身份认证技术以及密钥管理技术等，而其中最重要和最关键的技术之一就是隧道技术。除此之外，相关数据调查显示，与传统网络信息技术相比，虚拟网络技术具有显著的安全性、简易性、延展性、操作简单性等多种技术特点，在一定程度上这些优点是其在现代计算机网络安全中得到广泛应用的重要基础，同时在未来很多年内也都是信息行业的重点研究对象。

## 二、虚拟网络技术在计算机网络信息安全中的应用

近年来，随着我国现代化信息技术的不断发展，计算机网络安全作为信息化建设的重要内容之一，虚拟网络技术因其显著的应用优势成为计算机网络信息安全中的核心内容，在为用户带来更好使用体验的同时，也为公司和企业信息化建设奠定了良好基础。从目前来看，虚拟网络技术在计算机网络信息安全中的具体应用类别如下：

（一）在企业部门与远程分支部门之间的应用。近年来，随着我国社会主义市场经济的不断发展和科学技术的不断进步，企业数量不断增多、市场规模逐渐扩大的同时，虚拟网络技术以其安全可靠、方便延伸以及成本低廉的优势被应用于公司总部门和分支部门之间的远程控制，不仅有助于加强两者之间的沟通交流，同时在虚拟局域网下，各级分公司分支的局域网彼此之间也是相互连接的，因此在企业的发展过程中，他们可以共享和上传各级公司内部的所有信息，以传统的互联网技术应用来说，硬件式的虚拟网络工具具有较高的加密性，不仅最大限度地为企业的发展提供了较高的安全保障，也为公司和企业的信息化建设贡献了更多的力量。

（二）在公司网络和远程员工之间的应用。相关数据调查显示，从虚拟网络技术的应用频率和应用范围来看，以采购和销售为主要运营项目的公司对此项技术有着更大范围的应用，且这项信息网络技术常常被应用在公司网络和远程员工之间，究其原因是，一方面，这项网络技术的应用在一定程度上能帮助企业员工实时了解当下企业内部最新的各项数据信息，从而为工作的下一步开展奠定了良好基础，极大提高了企业员工的工作质量和工作效率，另一方面，通常虚拟网络技术的服务器设置在公司总部，业务网点和移动办公各级机构可根据实际情况从

客户端进行登录，在越过防火墙阻拦的基础上获取相关信息，由此与传统的网络技术相比，作为虚拟的网络接入工具，虚拟网络技术在安全性能等方面得到了广大人民的认可和信赖，是目前计算机网络安全性能较高的一项软件应用技术。

（三）在公司和公司客户之间的应用。其实从某方面来讲，在公司和公司客户、公司和合作伙伴、公司和供应商之间，虚拟网络技术也得到了较大范围的应用，一定程度上不仅给企业的发展奠定了良好基础，同时也为不同的用户带来了不同的使用体验，进而为公司和企业的信息化建设贡献了更多的力量。简单来说，在当下数字化不断发展的信息时代背景下，公司要想在激烈的市场竞争中长期稳定地生存和发展下去，寻求新的合作关系、合作伙伴或供应商、增加自身的业务量以获取更多的业务数据是企业未来发展的重要基础和核心方向，而虚拟网络平台的建设与发展从某方面来说为公司的发展提供了更多方便。与此同时，倘若一些数据是公司内部的机密文件，为了阻止其他人的访问，企业可通过设置防火墙的办法来提高文件的安全性，在帮助公司解决数据共享问题的同时，也保护了公司的合法权益。

总而言之，近年来随着我国互联网技术的不断发展和广泛应用，传统网络信息技术在应用过程中，一方面不仅无法满足当下社会企业发展的需求，影响了计算机网络的信息安全，另一方面系统在运行过程中也会因一些小的瑕疵而出现运行不畅等问题，严重影响了用户体验，为此经过十几年来的实践探索研发，基于信息安全的虚拟网络技术有效地解决了上述问题，同时也因该技术的强大的安全性和可靠性，虚拟网络技术的存在和发展也大力推动了信息产业的发展进程，为公司和企业的信息化建设贡献了力量。

## 第二节　计算机网络安全教学中虚拟机技术的应用

虚拟机技术在计算机网络安全课程中的应用，能够为教学环境创造实践性，是提高计算机网络安全教学质量的重要方式。为了进一步解析计算机网络安全教学中虚拟机技术的应用方式，本节分析了计算机网络安全教学中的普遍问题，总结了虚拟机在网络安全教学中的基本特征，并提出了相应的教学策略。希望能够借助虚拟机技术的应用，全面提升计算机网络安全教学的质量和水平。

Virtual Machine 虚拟机是一种模拟软件系统的独立运行体系，是在计算机软硬件系统单独隔离出一块区域，作为独立的并行运算系统。虚拟系统以全新镜像，提供了完全一致的 windows 系统操作环境，可以独立完成数据保存、上传下载、软件运行、系统更新等一系列操作。当前较为普及的虚拟机版本包括 Virtual Box、Vmware、Parallels Desktop、Virtual PC 等。由于其独立环境的可塑性，为计算机网络安全教学带来了诸多便捷条件，因此是优化网络安全教学课程的积极方式。

## 一、计算机网络安全教学中的普遍问题

（一）教学系统安全隐患。为了让学生真实感受到计算机网络中所存在的安全隐患，通常情况下，在计算机网络安全教学中，可以使用计算机硬件系统来演示终端 PC 机在受到网络入侵的情况。诸如，在局域网内，有教师 PC 终端向学生终端发送非法链接，演示终端 PC 机或服务器受到网络入侵的形式和风险类型。但是这种演示本身，也会存在一定的安全隐患，一旦对网络木马、病毒的控制和后期清除不善，也会造成威胁教学网络系统的风险。因此，在计算机网络安全教学中，教师通常情况下，仅以威胁性较小，可以完全清除的网络病毒类型为教学案例，这无疑降低了教学体验度，无法让学生感受到网络安全隐患的真实情况。但如果将最新的病毒类型带入教学系统，也会存在更高的安全风险和隐患，这对于教学案例选择而言是较难取舍的问题。

（二）操作实践内容较少。黑客入侵是计算机网络安全教学中的必修内容。通常情况下黑客入侵网络终端的方式较多，在教学过程中演示入侵方法，也是引导学生了解网络后台规律的教学重点。诸如，黑客入侵网站后台，暴露网站登录链接，则会造成门户网站的安全隐患。无论 PHP 模式，抑或开发网站开发系统，黑客均以后台文件作为攻击载体。但是在教学过程中，教师仅能够为学生演示类似的后台侵入方式，并不能要求学生去入侵一家正在运行的真实网站，或者公布其网络后台登录链接端口。因此，计算机网络安全教学中的操作实践内容较少，学生观察的多为教师制作的 PPT 或视频微课，真正能够进行操作性训练的内容并不具备相应的教学条件。

（三）网络知识的碎片化。网络知识本身是一种极为零散的知识碎片，在网络安全知识体系中，诸多知识节点在不断更新，诸多知识素材在不断更替。诸如：网站根目录设置规则，robots.txt 或 sitemap.xml 文件类型的设计方案，SEO 的部分功能实现方式，netinfo 或 wordpress 建站系统的更新版本，html 代码的编写方式等。其知识体系的不断发展，令教学内容的延展度无限放宽。当计算机专业教师选取教学素材时，如何更为精准地展现当前的网络发展进程，如何帮助学生理解其中的关键知识点，如何将最新、最全、最为有用的知识内容带入课堂，是计算机网络安全课程在其内部知识不断更新且呈现出零散化状态时遇到的教学问题。需要教师将碎片化知识架构重组，完整地呈现在学生面前。

## 二、Virtual Machine 虚拟机在网络安全教学中的基本特征

（一）较高的软硬件兼容性。虚拟机在软件与硬件两方面的兼容性都较高。一方面，从计算机硬件角度分析，CPU、主板、网卡、显卡、硬盘的系统资源占比较低。即便是在运行虚拟机的情况下，计算机硬件系统也可支持其设备驱动或独立操作。另一方面，在虚拟存储器中，以虚拟地址为辅助存储器，并以固定长度的数据块作为信息载体。那么计算机软件系统的镜像还原基本模拟了计算机软件操作的所有功能。诸如当前应用频率最高的 Windows 7 系统，在加载 Virtual PC 映像时，基本可以完成常用软件的随机加载和使用。因此，虚拟机在硬件和软件两个方面的兼容性均较高，适合在计算机网络安全教学中使用。

（二）独立运行的隔离环境。在计算机网络安全教学中，课上所讲授的教学内容，需要在联网环境下进行操作练习。如果某一台终端 PC 机受到网络病毒侵袭，而并未在短期内快速清除，则容易迅速传播其他终端。而虚拟机运行环境相对独立，即便终端 PC 机受到侵害，也可以避免主机系统受到侵袭。在物理层面的独立运行和保护，相当于隔离了病毒入侵的系统环境。主机系统如果发现虚拟系统中出现无法控制的病毒类型，则可以选择镜像还原虚拟系统，进而保护终端主机系统的独立安全性。因此，虚拟机所创设的独立运行隔离环境，更加适合在网络安全课程中讲解威胁性较高的病毒类型，或者后天入侵类型，是提高教学体验度和真实感的有效教学载体和工具。

（三）广泛的系统配置条件。虚拟机对主机运行系统的配置条件的要求并不高，即便是当前教学环境中所使用的终端机系统，也可在教学终端联网后，随机下载不同版本的虚拟机软件。诸如物理层面上创设的多组虚拟机联网环境，可以对不同的软件系统主动适应。诸如 Linux 或 Windows 系统，均可在常规的运行状态下使用虚拟机联网。尤其在讲解最新的网络系统时，使用虚拟机可在无须更新系统硬件配置条件下独立完成，那么也就无须考虑教学设备重复性或更新性的购置问题了。因此，选择虚拟机在网络安全教学中使用，其教学成本较低，可以为学生呈现最新的系统版本，是在现有硬件条件下，提高教学内容前沿性的有效方式。

## 三、计算机网络安全教学中应用虚拟机的重点教学策略

（一）整理虚拟机文件名。应用虚拟机开展网络安全教学，首先需要对虚拟机内存储的文件名进行重新整理。当虚拟机联网使用时，学生虚拟机终端内存占比较高，容易在联网时速度下降。抑或在教师终端联网之后，出现非实名认证的画面序列混乱问题。因此，在每一次启动虚拟机进行教学联网时，需要对所有终端 PC 机的下属文件名进行重新整理。如果教学时间不足，可以由任课教师对虚拟镜像文件进行统一编码，而后通过内部局域网上传，由学生在终端 PC 机主动下载。

（二）构建攻防操作平台。使用虚拟机进行网络安全教学，最终目标是将网络安全风险、隐患、入侵手段等重点教学内容呈现在学生面前。同时需要加强常规教学模式的可操作性，才能一改往日教学程序，让学生的操作技能得到真实训练。因此，在使用虚拟机过程中，需要进一步构建攻防操作平台，加强学生的自主学习能力。诸如，可以在网络环境下构建一个虚拟机的网络平台，由学生分组实施攻击。在锁定攻击对象之后，由小组成员分配任务类型，收集信息、破解密码、实施后台操作。实践演练部分，可以由 n 个小组作为攻击方，另外 n 个小组作为守护方。网络安全课程在不断接近真实网络安全的处理环境之后，方能提高课程本身的真实操作演练效果，加强学生的操作技术能力，令虚拟机发挥出指导学生操作演练的技术功能，后续可通过攻防实训环境的回顾，讲解其中的关键知识点。

（三）考评学生综合能力。学习计算机网络安全知识，需要在真正了解学生综合能力的基础上规划教学设计内容。虽然使用虚拟机后，并不容易造成教学网络终端的大面积瘫痪。但是如果学生每一次防范网络安全隐患都以失败告终，那么学生的学习兴趣也会逐渐下降，降低对学习网络安全知识的主观能动性。因此，在使用虚拟机后，教师更加需要关注本班的具体学情，提供适合学生当前知识理解能力的教学资料，并详细讲解其中的关键知识点，对学生的实训内容加以精细化处理，满足学生的个性化发展需求，真正有效利用虚拟机来提高网络安全教学的质量和水平。

（四）增强虚拟网络实践。应用虚拟机贯穿网络安全教学的全过程，虽然可以将网络安全的相关案例形象地展现在学生面前，但是对于真实的系统操作环境，部分学生仍然会存在一定的模糊认知。这种由虚拟机环境造成的理解性偏差，是网络安全教学中需要规避的问题。教师可以参考本班的具体学情，在学生具备了较强的操作能力之后，通过局域网为学生呈现非虚拟机的真实操作环境。让学生在最为真实的操作环境下，掌握网络安全的关键知识点，加深网络安全知识印象和主观理解，达到更为理想的教学效果。在学生普遍操作能力较强时，可以适当开展操作技能竞赛。由学生分组报名，借助虚拟机系统演练网络安全知识，攻防转换之间，训练学生对网络安全知识的掌握程度和熟悉程度，真正提高计算机网络安全教学质量和水平。

综上所述，计算机网络安全教学中，应用虚拟机技术，能够增强教学实践度，弱化教学系统安全隐患、操作实践内容较少、网络知识的碎片化等教学弊端。为了优化计算机网络安全教学中应用虚拟机技术的教学效果，需要提前整理虚拟机文件名，构建攻防操作平台，考评学生综合能力，增强虚拟网络实践，进而优化虚拟机技术在计算机网络安全教学中的应用效果，为学生提供良好的学习环境，增强计算机网络安全教学水平和质量。

## 第三节　网络安全维护下的计算机网络安全技术应用

随着社会经济的不断发展，信息技术的不断更新，人们的日常生活与学习已经逐渐离不开计算机网络。然而，在计算机网络给人们带来巨大便利的同时，其安全问题也始终受到人们的密切关注。因此，如何更好地对计算机网络实施安全保护已经成为我们目前亟待研究的课题。本节将通过对当前计算机网络中存在的几种主要安全隐患进行简要分析，并探讨出网络安全维护下计算机网络安全技术的应用策略。

在信息时代背景下，计算机网络技术的出现给人们的生活带来了翻天覆地的变化。但当它在给我们的生活提供便利的同时，也给我们存储在计算机中的重要信息资料带来了极大的安全隐患。网络安全问题作为社会一直关注的焦点，加强计算机网络安全技术的应用，为人们现今网络化的学习生活提高安全保障，对网络系统整体的安全维护来说具有十分重要的意义。

## 一、当前计算机网络中存在的几个主要安全隐患

（一）计算机操作系统自身存在弊端。计算机操作系统作为保证计算机网络及其相关应用软件正常运行的基础，由于计算机操作系统具有较强的扩展性，且目前相关人员正在进一步研究开发，操作系统的版本与计算机功能都在不断地更新和改进，这样一来就给计算机网络系统的正常运行埋下了巨大的安全隐患。相关调查发现，目前市面上绝大部分计算机操作系统单从技术层面上来说都存在着严重漏洞。因此，这些安全隐患不仅给计算机网络系统带来了较大的安全威胁，也给社会不法分子提供了更多违法犯罪的机会。

（二）计算机病毒的威胁。计算机病毒不仅具有较强的破坏性、传染性，还会对计算机网络的正常运行造成严重干扰，是一种极有可能导致计算机系统瘫痪的计算机程序。目前，常见的计算机病毒主要有木马病毒、间谍病毒、脚本病毒等几种。其中，木马病毒最具诱骗性，主要被利用于窃取计算机用户的信息资料；而间谍病毒则是通过强制增加计算机用户对网页的访问量，对网络链接及网络主页进行挟持；还有脚本病毒，其传播病毒的主要途径就是通过网页脚本，专对计算机系统中存在的漏洞及计算机网络终端实施攻击，最终达到控制计算机程序的目的。现如今，信息技术不断发展，计算机病毒的种类也在不断增多，给计算机网络安全带来的威胁也会更加复杂。

（三）网络黑客的攻击。网络黑客主要指一些利用自己所掌握的计算机技术，

专门对存在着严重漏洞的计算机网络终端及系统进行破坏的不法分子。当前，计算机网络黑客所采用的主要攻击手段有利用性攻击、脚本攻击、虚假信息式攻击以及拒绝服务式攻击等。其中，利用性攻击手段主要是黑客利用木马病毒实现对用户计算机系统的控制；脚本攻击指的是黑客利用网页脚本存在的漏洞，对用户使用的网络主页进行攻击，使网页不断出现弹窗，导致系统崩溃；虚假信息式攻击主要通过发送 DNS 攻击邮件等方式，给计算机用户的电脑植入病毒；而拒绝服务式攻击主要目的是耗费计算机用户的网络流量，利用大数据流量导致网络系统瘫痪。

## 二、网络安全维护下计算机网络安全技术的应用

（一）防火墙技术的应用。现阶段，防火墙技术已经成为人们进行网络安全防护工作的重要手段，也是目前最主要的计算机网络安全技术之一。所谓防火墙技术，就是为用户的计算机网络设置一道具有较强保护作用的屏障，从一定程度上对计算机网络安全起到维护作用。通常情况下，将防火墙技术分为网络级防火墙和应用级防火墙两类，在实际应用防火墙技术时应该结合现实情况选择不同的防火墙技术。网络级防火墙主要通过对云地址、应用等进行科学合理的判断，从而制定出相关的措施及安全防护系统。其中，技术人员常常会利用路由器对计算机网络中接收的信息数据进行检查并过滤，以此实现信息数据的安全性，而路由器是一种较为常见的网络级防火墙。应用级防火墙则是将计算机服务器作为安全点，对传输到服务器中的信息数据一一进行扫描，从而及时发现其运行存在的一些问题或恶意攻击等，并采取科学有效的方式降低病毒对计算机系统的影响。

（二）查杀病毒技术的应用。目前，针对一些常见的计算机病毒，为了使病毒得到更有效的解决，通常会采用一些杀毒软件。例如我们日常生活中常用的“卡巴斯基”“金山毒霸”“360 杀毒”“腾讯管家”等，这些防毒软件都带有一定的病毒查杀技术，对计算机网络安全也能起到较好的保护作用。正确应用病毒查杀技术，首先需要用户在计算机内安装正版的杀毒应用软件，并定期对病毒库进行更新。其次，需要用户及时对计算机操作系统进行版本更新，并加强对计算机网络漏洞的修补等。最后，用户还应该尽可能避免访问一些不良网站，以防给各种计算机病毒提供可乘之机。

（三）数据加密技术的应用。如今，计算机系统中加密技术及访问权限技术的应用已经十分普遍，利用密钥和入网访问授权等方式，有效避免了非授权用户对计算机网络的控制。其中，数据加密技术是一种传统的计算机网络安全技术，由于计算机网络运行时产生的都是动态数据，而加密技术正是利用密钥对其动态数据实施有效控制。因此，数据加密技术的应用对防止非授权用户对计算机内数据信息进行修改具有非常重要的作用。

目前，对于人们的日常生活及工作来说，计算机网络的使用已经不可缺少，这就使网络安全维护显得尤为重要。而加强网络安全维护，不仅涉及计算机网络安全技术应用和开发方面的问题，更涉及网络安全管理方面的问题。因此，在计算机网络安全技术对用户的安全性提供保障的同时，更重要的是为用户建立健康安全的网络环境，从而使网络安全得到真正的维护。

## 第四节　计算机网络安全检验中神经网络的应用

计算机网络安全检验始终是计算机网络体系发展的核心内容，而神经网络在计算机网络安全检验中的科学化运用，则从根本上解决了现代计算机网络发展的安全管理问题。根据计算机网络安全检验特点，对神经网络应用进行分析，并制定有效的计算机网络安全检验神经网络应用设计方案，以此为神经网络在计算机网络安全检验方面的合理化运用提供参考。

计算机网络安全发展体系逐步形成，公众的计算机网络安全管理意识进一步提升，为计算机网络安全问题的解决创造诸多便利条件。计算机网络技术使信号资源得以自由流动并实现高效共享，社会的不断发展使人们认清了这一事实，而在计算机网络系统应用过程中，诸多不安全因素对网络系统的安全造成严重威胁，使计算机用户的信息安全变得日益严峻。因此，保障计算机网络系统的安全，对网络进行安全评价是不可或缺的。技术应用是确保计算机网络安全体系发展与时俱进的重要基础，尤其是现代神经网络技术的应用，使传统意义上的计算机网络安全管理技术应用得以全面化革新，为未来阶段计算机网络安全机制的建立提供现代化网络安全技术支持。

# 一、计算机网络安全检验的神经网络发展及特点

计算机设备集成主要始于20世纪70年代初期，相关计算机运行管理机制的提出，使原有的电子化计算技术发展速度逐步加快，相关的计算机网络构成也逐步成熟，在20世纪80年代末期，首次将网络连接系统应用于计算机集成系统方面，从而形成了今天的互联网。早期的网络体系构建发展体系单一，相关的网络内容及系统数据源主要掌握在政府机构方面，后期的技术发展应用逐步重视自动化及智能化水平的提升，因此，衍生出神经网络概念。神经网络概念的提出最早是在20世纪40年代，随着生物科技及计算技术应用的进一步发展，截至20世纪90年代末期，第一次将计算机网络体系与神经网络相关联，成为现代智能化网络设备应用的雏形。

（一）发展。自20世纪60年代起，Widrow等人便提出利用LMS自适应线形神经元来对信号进行预测、模型识别及自适应滤波处理，这标志着神经网络技术已经开始被应用于实际问题的解决中，并逐步在各个领域应用。最初的计算机神经网络应用主要局限于军事、医疗及工业生产等方面，相关的神经网络构建虽然相对复杂，但由于部分技术不够成熟，在实际应用方面存在神经网络数据反馈错误，从而给设备操作人员予以一定的误导。后来，McCulloch等人通过对人脑功能及结构进行模仿，建立了一种以人工智能为核心技术的信息处理系统，从而扩展了人工神经网络的应用范围，使其在农业、企业管理、土木工程等领域得到广泛应用。现阶段，我国计算机网络体系商业化发展模式正逐步形成，相关的生物科技水平也有所提升，使计算机神经网络应用市场需求进一步增加，在激烈的市场竞争环境下，掌控未来科技成为计算网络企业发展的重要内容。在此环境下需要逐步推动计算机神经网络的完善与发展，使其成为现代网络安全体系的重要构成。

（二）特点。传统的计算机神经网络布局主要采用微分非线性方程，相关技术应用方向较少，而现代化的计算机神经网络构成则多采用多元化方程计算模板，相关的网络计算技术应用条件及环境有所改善，相关的技术应用设计也符合现代化信息网络社会发展需求。早期阶段的计算机网络构建需要通过人工操作及人为干预来实现，而计算机神经网络应用则可根据计算机神经网络判断，得出正

确的操作指令，从而实现多线程的自动化数据处理，提高数据处理效益，并通过对多种网络信息模式的并联，实现对多台计算机网络设备的控制，以此达到智能化控制及高效化管理的基本目标。现代计算机网络神经设计具备一定的联想及听觉辨别能力，可根据任务内容的不同，合理调配计算机网络资源，以此提高计算机运行的安全性与稳定性。

## 二、计算机网络安全检验的神经网络应用

计算机网络安全检验包含项目较多，对神经网络的应用必须符合保密性及完整性的相关原则，同时避免计算机遭受外来数据信息的攻击，提高计算机运行安全性。

（一）计算机网络安全模式。计算机网络安全模式种类主要有以下几种：一是逻辑思维层面的计算机网络安全模式，该模式下的计算机网络安全运行主要由多个网络安全模组构成，通过计算机精神网络调控，实现对多组网络安全模块功能的合理化应用，充分发挥不同网络安全模组的实际作用，从而提高计算机网络运行的安全性；二是物理层面的网络安全控制，主要包括网络信息设备的安全防护措施及安全设备管理等。虽然计算机网络设备管理安全性较高，但不能排除人为因素、自然因素及设备因素造成的设备损坏及运行停滞等相关问题，所以，要做好网络设备的安全防护，从物理层面提高计算机网络安全；三是网络软件模组构成的计算机网络安全体系，该网络安全模式应用较为广泛，主要运用计算机软件解决计算机网络安全问题，根据计算机使用者的实际要求，制定一套完善的网络安全管理及预警体系，并可通过早期阶段智能化设置，自主通过计算机神经网络调控，针对计算机网络安全风险进行规避，以此提升计算机网络安全运行的总体安全性。

（二）计算机网络安全体系。计算机网络安全体系建立，对于提高计算机网络运行安全性具有重要意义，现阶段的计算机网络安全体系主要由网络端、客户端、服务器端及网络安全管理企业服务器构成。不同网络运行环境及操作系统应用其基本的网络安全管理效益具有一定差别，需要根据自身计算机网络运行环境对计算机网络安全系统构架进行分析，从而选择适宜的方案建立完善的计算机网络安全管理机制。计算机网络安全体系的构建需要遵循以下两方面的相关原则：

一是简要性原则。计算机网络安全风险的生产传播途径相对较多，同时入侵计算机网络的速度也相对较快，需要在设计方面对相关的计算机神经网络进行优化，尽可能地简化操作流程，提高网络安全运行速度，确保计算机神经网络系统在第一时间内对相关的安全风险问题进行控制。二是独立性原则。现代计算机网络构成主要以开源化网络体系为主，相关的网络安全控制体系必须独立于现有的计算机运行体系之外，以免在计算机遭受网络安全威胁时，出现计算机神经网络安全性系统瘫痪问题，提高网络安全体系构建的可靠性。

（三）计算机网络安全检验工作的完善。现阶段，计算机网络安全的检验工作存在较大差异，只有建立清晰的检验思路，才能使计算机网络安全得到根本保证。对于检验思路的建立来说，遵守神经网络的规律是非常必要的，将神经网络所具备的特点与优势应用到检验思路的建立中，并实施分步检验策略，对管理制度、检验过程、检验方法及安全观念等进行逐一革新，有效避免千篇一律的现象出现，这无疑能在很大程度上完善计算机网络安全检验工作。此外，依据计算机网络检验工作的未来发展趋势，将相应的参与机制引入检验工作中，并针对计算机网络检验的内容和对象，在全体管理人员中积极宣扬计算机网络安全检验工作，使管理人员能对计算机网络检验的意义和重要性有正确而清晰的认识。同时，还可根据管理人员职责上的不同来制定参与方式和参与内容，使其积极性被充分调动，并进行定期考核，将检验工作中产生的问题进行记录与跟进，同时采取量化方法来进行管理。

（四）计算机网络安全检验标准的 BP 神经网络设计。神经网络的种类很多，而其中尤以 BP 神经网络最为典型，其功能也最为突出，BP 神经网络在计算机网络安全检验标准的设计中发挥着至关重要的作用。BP 神经网络通过训练样本信号来降低信号的误差，以使其与预期相符，进而使其在实际应用过程中达到最佳的检验效果。利用 BP 神经网络对计算机网络安全检验标准进行设计时，可通过 BP 神经网络来提高计算机网络系统的安全性，使网络安全的检验工作变得更加细致、具体。对于 BP 神经网络的结构来说，大部分都是单隐含层结构，而隐含层结构中的隐节点数量直接影响网络性能。误差方向学习是 BP 神经网络的明显特征之一，BP 神经网络正是借助误差方向学习的特征，对计算机网络所包含的所有数据信息进行逐一过滤，以检验这些数据信息的安全性。在执行反向学习以前，应首先执行正向学习。在正向学习中，通过对实际结果和期望结果的对比，分析实际结果和期望结果的误差，当这种误差较大时，便会执行反向学习，而神经网络利用正向和反向两种学习模式的结合，以实现对计算机网络系统故障的反复性检验，从而使非线性的映射问题得到有效解决。

## 三、计算机网络安全检验的神经网络算法优化步骤及原理

计算机网络安全的神经网络算法应用主要以 BP 神经网络系统为主，是一种采用误差逆转传播的基础算法。该算法能有效地对多层神经网络进行训练，并根据学习规则，对神经网络模型进行反向传播，从而更好地运用网络系统的阈值及权值实现网络神经误差平方和的控制。BP 神经网络模型的构建主要包括输出层、输入层等多个方面，相关的神经元连接由三层拓扑结构构成，可根据单层神经网络系统运行模式在求解线性问题分析方面加以运用。

对计算机网络进行检验主要包括两个步骤：一是对计算机网络安全体系进行构建；二是采用粒子群优化算法来优化 BP 神经网络，以使 BP 神经网络存在的不足得以弥补，使其性能得以提高。对 BP 神经网络进行优化主要包括以下几个方面：一是初始化 BP 神经网络中的函数及其目标量；二是调整粒子群中粒子的位置、速度等参数；三是采用粒子群来对 BP 神经网络功能进行完善，以使其能够检验网络的适应度；四是将神经网络中各个神经元的最高适应度进行保存，以作为检验标准；五是对各个粒子的惯性进行计算，如果粒子的运动速率及位置发生变化，则对各个粒子群间的适应度所产生的误差进行记录，然后统计适应度误差。

计算机网络安全检验的原理：计算机网络安全的检验原理是根据相应的检验标准来实现的，在检验时首先要明确检验内容和检验范围，然后依据网络的安全状态及运行过程中的实际状况，来对计算机网络可能存在的隐患进行预测与排查，并依据检验标准来实施检验，从而最终确定计算机网络的实际安全等级。在计算机网络安全检验中，应对相应的检验标准进行合理选择，并建立科学、正确的检验模型。由于计算机网络漏洞及隐患具备多变性与突发性的特点，而神经网络又是一种非线性的检验方法，因此，将神经网络应用于计算机网络安全等级的

检验工作中，能使检验精度得到显著提高。

## 四、计算机网络安全检验的神经网络设计

计算机网络安全检验的神经网络设计构成较为复杂，不同层级的使用功能有较大差异，由于基础设计层级种类繁多，无法逐一列举，因此，选择神经网络输出层、隐含层及输入层为主要分析对象。

（一）神经网络输入层设计。神经网络输入层设计要求与网络安全管理指标保持一致，主要结构由多个不同的神经元节点构成，各节点实际运行数据要确保与安全运行协议标准统一，以便更好地提高神经网络应用的整体性。例如，在计算机网络安全体系方面针对 18 单元的二级指标设计，必须以计算机网络安全管理为输入模板，并控制输入层神经元节点设计数量，确保相关的单元节点同样为十八个基础结构，从而确保神经网络安全控制的步调一致。

（二）神经网络隐含层设计。在现有的神经网络中，大部分神经网络在隐含层方面均是单向隐含层，而隐含层中节点的数量对神经网络的性能有直接影响，如果隐含层的节点数量比标准值多很多，则会使神经网络的内部结构显得过于复杂，进而影响信息的传输速率。如果隐含层的节点数量比标准值少很多，则会降低神经网络所具备的容错能力。因此，必须确保神经网络节点数量与标准值相符。大量的实践结果表明，当神经网络隐含层选择五个节点时，计算机网络安全检验的效果往往较为理想。

（三）神经网络输出层设计。神经网络输出层主要对神经网络应用进行控制，例如，基础数值的设计方案，将数据内容设计为两个单元，其输出结果将分为三个等级。一是一级安全标准，即 (1.1)，该标准表示计算机运行处于安全环境下，不存在相关的安全风险问题。二是二级安全标准，即 (1.0)，该标准表示计算机运行总体状况良好，相关的系统运行相对安全，但有一定概率产生计算机网络安全风险，需要及时加以防范及处理。三是三级安全标准，即 (0.0)，该标准表示计算机存在严重的安全风险，需要及时地对相关计算机网络安全问题进行处理，并采取相关的安全管理措施，以免计算机网络陷入瘫痪。不同的神经网络输出数据设计，所显示的计算网络安全情况均有差异，根据计算机网络运行环境及使用状态合理调控，并确保计算机网络神经输出层设计的有效性，以此为神经网络在

计算机网络安全体系建设方面的实际应用奠定坚实基础。

计算机网络安全检验对神经网络的应用势在必行，是未来计算机网络安全体系构建的主要方向，对解决现阶段非物理层面的计算机网络安全问题意义重大，在神经网络技术应用、环境优化及层级设计等方面对神经网络在计算机安全系统方面的应用做出调整，在逐步探索中对现有的计算机网络安全神经网络应用方法及模式做出调整，运用神经网络设计为现代计算机网络的安全发展创设良好的技术条件。

## 第五节　电子商务中计算机网络安全技术的应用

在电子商务行业的发展过程中，计算机网络的安全问题日益明显。就电子商务中计算机网络安全技术的应用进行分析，阐述电子商务与计算机网络安全技术的关系，分析当下电子商务运行的安全隐患，提出电子商务中计算机网络安全技术的应用策略，旨在借助计算机网络安全技术的应用来推动电子商务行业的良性发展。

近年来计算机网络技术发展迅猛，并广泛应用在各个领域，人们的生活方式以及工作环境都得到了前所未有的转变。随着计算机网络安全技术的应用，电子商务行业得到了一个更加便捷的交易平台，打破了以往交易受空间限制的发展现状，扩大了电子商务的用户群体，为电子商务行业带来了巨大的发展空间。电子商务行业虽然具备很多优势，但是计算机网络安全问题始终是电子商务行业发展的重要隐患。只有高度重视计算机网络技术问题，营造一个安全可靠的计算机网络环境，才能够助力电子商务行业稳定健康地发展。因此，应当积极地解决计算机网络本身存在的安全隐患，优化电子商务中计算机网络存在的安全问题，为电子商务行业营造一个良好的网络环境。

### 一、电子商务与计算机网络技术的关系

从广义角度上来看，电子商务就是依托计算机网络技术建立的一种基础性商务活动，这个基础性的商务活动以网络为基础涉及各个方面的行为。虚拟交易是

电子商务的根本，当电子商务脱离了计算机网络技术就意味着电子商务行业失去了发展的主要动力。

电子商务行业通过应用计算机网络技术对自身的数据库进行整合与管理，应用先进的算法对数据库的数据加密以及安全保护，从而有效地促进商务活动的顺利开展。同时，电子商务中的卖家与买家能够借助计算机网络技术进行在线交流；企业也可以借助计算机网络技术来实现企业合作伙伴、相关供应商、消费者以及企业自身的有效信息沟通，电子化的企业业务流程运行模式能够最大程度地为企业带来可观的经济效益。

## 二、电子商务运行过程中的安全隐患

（一）信息窃取。在电子商务交易过程中，若用户不使用有效的加密技术对自身的信息进行保护，那么用户的信息在交易过程中就会以明文形式出现在交易网络中。当黑客侵入路由器或者是网关的时候就会将用户的信息截取。入侵者对截取的信息进行深入分析，能够找到信息中存在的规律，进而真正得到传输的信息内容，用户的信息就会被泄漏。而造成电子商务运行过程中信息窃取问题的根本原因就是用户使用加密技术不够成熟或者是加密过于简单。

（二）信息篡改。在入侵者对用户的信息进行窃取的基础上对用户的信息进行更深层次的分析，寻找到信息中存在的规律，随后借助各种方法以及技术手段，更改网络上传送的信息数据，随后将更改过的信息发往信息的原始目的地，实现篡改信息的目的。

（三）信息假冒。当入侵者彻底了解信息的数据格式以及规律之后，就可以实现对用户信息的随意更改。在这种情况下，入侵者可以假冒合法的用户发出假冒的信息，进行欺诈性交易，进一步导致用户交易数据出现无法弥补的损失。

（四）计算机病毒。计算机病毒是自计算机发明以来一直笼罩在用户头上的噩梦，一旦计算机感染了病毒就会清空计算机硬盘信息，掐断计算机网络，甚至将一台计算机变成病毒的源头，传染其他的计算机。这种计算机病毒其实是一种人造的病毒，在用户不知情或者是未经批准的情况下入侵和改变计算机硬件以及软件，破坏计算机的重要功能，将计算机中的信息资源进行篡改、盗取，计算机的正常运行受到了严重的影响，给用户带来严重的损失。

## 三、电子商务中计算机网络安全技术的应用

（一）智能化防火墙技术。借助智能防火墙，能够实现在计算机程序中有效、准确地判断病毒，并且借助决策、概率、记忆以及统计等方法识别相关的数据。智能防火墙在应用过程中不会对任何用户进行访问，当计算机中出现不确定性的程序对网络进行访问时才会协助用户进行处理。当下很多用户在拒绝服务攻击时都会选择使用智能防火墙，智能防火墙相较于传统的防火墙有着明显的差别，智能防火墙并不是每当出现对网络进行访问的进程都会询问用户，由用户决定是否放行，从而避免了用户面对这些问题时出现迷惑或者是难以自行判断的情况，最大程度规避了由于用户误判而造成计算机中其他正常程序无法运行的问题。

（二）数据加密技术。智能防火墙毕竟属于一种相对被动的防御性计算机网络安全技术手段，相较于传统的防火墙有了质的改变，但是依然存在很多方面的不足，面对电子商务中的不确定性以及不安全性难以真正做到有效的防御和打击。而数据加密技术则有效地弥补了智能防火墙中存在的不足。当下电子商务运行过程中普遍采用的技术就是数据加密技术，在进行贸易的过程中买卖双方能够在密码初步交换的时候对数据进行加密，通常采用对称加密以及非对称加密两种方式，真正实现交易双方信息交换的安全性。

（三）密码协议。密码协议的安全性对于计算机网络安全技术来说毋庸置疑，目前被开发出的密码协议有很多形式，但是很多刚刚发表的密码会因为潜在的漏洞而被发现。造成密码协议失败有很多种原因，最普遍的原因是设计人员没有完全研究透彻安全需求的正确理解，因此设计出来的是没有分析足够的安全性不足的协议，就好像密码算法一般，证明其安全性比证明其不安全性困难得多。为了密码协议的安全性，我们通常都会对实际的密码协议进行攻击性测试保证其安全，我们会对密码协议的本身、算法以及所采用的密码技术进行交错攻击，用测试性攻击来进行安全性测试，对出现的问题进行修改或者重新设计。

通常密码都会在确保足够复杂的基础上来抵御外来的交织攻击，此外在密码协议设计过程中，要尽最大可能保持密码协议简明易记，保证其可以在低层的网络环境中得以适用。如何才能设计出满足公平性、完整性、有效性、安全性需求的密码协议是当下急需探讨的问题。采用随机一次性数字代替，人们为了确保

密码协议的安全性会在众多的密码协议中采取同步认证的方式，也就是说，需要保持在一个时钟下进行各实体之间的认证。在通常的网络大环境下，要同步的时钟这样保持下去并不难，但是在某些网络环境不好的情况下使用起来将会非常麻烦。因此，采用异步认证的方式，尽可能地将一次性随机数的方式采用在密码协议的设计中，从而有效解决这一问题。

计算机网络技术的发展，不仅让相关领域取得了非常大的进步，同时衍生出很多新型的行业领域，电子商务就是建立在计算机网络技术上而形成的一个新型行业，电子商务行业借助计算机网络技术应用的不断深入获得了更加广泛的发展空间。但是在电子商务行业发展过程中，计算机网络技术的安全问题始终是一个突出的问题，现阶段亟待解决计算机网络技术中的安全问题，为电子商务行业营造一个良好的环境。在计算机网络技术以及网络安全技术广泛应用的大潮之下，计算机网络安全技术将成为电子商务行业发展的主要动力，必将为电子商务行业带来更加广阔的发展前景。

## 第六节　网络信息安全技术管理与计算机应用

随着互联网技术在人们生产活动和日常生活中的广泛应用，它给人们生活带来便利的同时，也存在着网络信息安全问题，造成人们隐私信息泄露，甚至给国家信息安全带来威胁，因此建立安全的网络信息环境显得非常重要。本节就对网络信息安全技术管理方面的问题展开简单的叙述，研究网络信息安全技术管理在计算机中的应用。

网络信息安全技术主要是防止系统出现漏洞，以及病毒、黑客入侵的一种技术方法。互联网给人们生产生活带来便捷的同时也存在一些潜在危险，比如电脑病毒或黑客等会对人们的财产安全信息造成威胁。近年来，随着网络信息技术应用范围越来越广泛，人们对信息安全也越来越重视，因此本节就网络信息安全技术管理的计算机应用进行简单的探讨和研究。

## 一、网络信息安全的风险因素分析

计算机技术和互联网技术是相辅相成的，计算机在使用中需要通过互联网技术来实现信息的输入和输出，和人们的财产安全甚至是生命安全紧密相关。计算机网络信息安全常见的风险因素主要包括计算机病毒、木马、黑客攻击等。

其中计算机病毒是在计算机使用过程中，打开或下载部分网页时会出现捆绑软件，而这类软件可能会携带病毒，入侵计算机系统。同时这些病毒还会自我复制，对计算机密码进行破解，虽然现在计算机中大多有安装杀毒软件，但新型病毒难以通过杀毒软件检测得到。木马也是威胁计算机网络信息安全的一种常见风险病毒，可以通过木马程序来获取计算机中的个人隐私及相关信息，甚至会被用来窃取商业机密，给用户造成重大财产损失。网络黑客会通过程序攻击计算机，比如通过软件更新来攻击计算机系统，造成用户信息丢失或计算机瘫痪的后果。

## 二、网络信息安全技术管理在计算机中的应用策略

从目前来看，我国在网络信息安全方面还存在着一定的问题，比如缺乏科学有效的网络信息安全管理技术和管理制度等，部分单位或用户还缺乏网络信息安全防护意识，在计算机使用过程中没有做好安全防范处理，比如随意浏览或下载未知来源的网页或程序，从而给计算机安全带来隐患。因此网络信息安全技术管理在计算机中的应用策略主要包括以下几点：

1. 建立健全网络信息安全管理制度。网络并非是法外之地，要确保网络信息安全，首先就需要确保有完善的制度保障，各部门应加强对网络信息的安全管理工作，建立健全信息安全管理制度，包括信息安全管理，针对网络信息安全建立应急预案，从多个方面做好计算机网络信息安全工作。其次，还要做好硬件防控工作，对计算机硬件设备需要加强日常检测，对常用网站以及用户做好病毒检测工作，加强对网站中的病毒排查，建立完善的信息安全系统，做好系统漏洞补丁。

2. 加强计算机技术安全管理防范措施。通过技术手段加强计算机技术安全管理，通过信息加密技术，对用户及网站中的重要信息进行加密处理，比如设置安全通信协议，设置访问控制登录口令等，从多方面加强密码控制管理，降低计算机网络信息安全风险隐患，可以有效避免一部分网络黑客或病毒入侵。在计算机

使用过程中，需要强化网络信息排查，对外来软硬件及客户端进行检测，通过信息处理技术和恶意程序监测手段加强对互联网中的信息安全防护，做好系统功能升级，同时严禁内外网混用等情况出现，及时修补系统漏洞，对系统中的重要信息需要做好备份，以免信息丢失。

3. 信息安全管理技术防控。大部分用户在使用计算机时都会安装杀毒软件，通过软件对电脑中的病毒进行检测并处理，但病毒形式多变，种类多样，很多病毒的隐蔽性较强，因此还可以通过防火墙技术来加强网络信息安全保护，使用代理服务，设置数据进行过滤，加强对网络信息管控力度，避免病毒入侵系统。最后，也可以通过使用病毒技术来实现对网络信息的安全防控，计算机病毒具有易传播性，可以通过网络从一台计算机设备传播到其他设备中，传播范围广，因此可以通过使用病毒技术构建计算机软件和硬件的安全防控体系，阻止其他病毒入侵系统。

在计算机使用过程中，网络信息技术安全管理具有极其重要的现实意义，做好对计算机网络信息的安全管理，通过完善的制度防控和技术管理措施做好信息安全事件的应急处理预案，将信息安全危害降到最低，要从多角度、全范围对计算机系统进行信息安全防控，避免病毒或黑客入侵。为保障计算机正常运行，用户在计算机使用过程中需要不断提高信息安全防范意识，加强对网络信息安全的重视程度，不给病毒留下入侵或传播的机会，切实保障个人信息安全。在各企业及各部门中，也需要加强对计算机硬件设备及软件做好定期病毒监测，严格保障信息安全工作。

# 第六章　大数据理论基础内容

近年来，云计算已成为新兴技术产业中最热门的领域之一，也是继个人电脑和互联网变革之后掀起的第三次信息技术浪潮。它将给人类的生活、生产方式和商业模式带来根本性的变化。随着云计算技术的发展，人们收集、存储和处理数据的能力比以往任何时候都要强，从数据中提取价值的能力也得到了极大提高。云计算的蓬勃发展开启了大数据时代的大门。随着互联网、移动互联网、物联网、数字设备等技术的飞速发展，越来越多的智能终端和传感器设备被连接到网络上。由此产生的数据和增长率将超过历史上任何时候。社会信息正步入大数据时代，大数据概念逐渐成为发展趋势，为人们打开了认识世界的大门。

## 第一节　大数据基金会

近年来，大数据引起了工业、科技和政府的高度重视。2012 年 3 月 22 日，奥巴马宣布，美国政府已投入 2 亿美元启动大数据研究开发计划。这是继美国在 1993 年宣布“信息高速公路”计划之后，又一次重大的科技发展部署。美国政府认为，大数据是“未来的钻石矿和新石油”，把对大数据的研究提高到国家的意愿，必将对未来的科技发展和经济发展产生深远的影响。

人、机、物的结合导致了数据规模的爆炸式增长和数据模型的高度复杂性。世界已经进入大数据时代。基因组学、蛋白质组学、天体物理学和脑科学等传统学科产生了越来越多的数据。根据互联网数据中心的数据，2011 年全球创建和复制的数据总数为 1.8 ZB，到 2020 年增至 40 ZB，其中 80% 以上来自个人（主要是图片、视频和音乐），远远超过人类历史以来所有印刷材料（200 PB）的总数据量。数据量的快速增长带来了大数据技术和服务市场的繁荣和发展。

# 一、大数据技术综述

## （一）大数据介绍

数据是存储在包含信息的介质上的物理符号。数据的存在方式非常多，从古代结绳、小棍到现在的硬盘都是数据存在的方式。电子技术在发展，人类创造的数据也随着技术的发展而增加，特别是在电子时代，人类产生数据的能力得到了前所未有的提高。数据的增加使得人们不得不面对这些海量的数据，大数据这个概念就是在这种历史条件下提出的。大数据是传统的IT技术和软硬件工具无法在一个时期内感知、获取、管理、处理和服务的一组数据。传统的IT技术和软硬件工具是指传统的计算机计算模式和传统的数据分析算法。因此，大数据分析的实现通常需要从两个方面着手：一是利用聚类方法获得强大的数据分析能力；二是研究新的大数据分析算法。大数据技术是用来传输、存储、分析和应用大数据的软硬件技术。从高性能计算的角度来看大数据系统，可以认为大数据系统是一种面向数据的高性能计算系统。

## （二）大数据产生的原因

大数据概念的出现并非无缘无故。生产力决定生产关系的原因在技术领域仍然有效。正是因为技术已经到了一定的阶段，才不断产生大量数据，使当前的技术面临重大挑战。大数据出现的原因可以概括如下：

1. 数据生产方法的自动化

数据生产经历了从结绳计数到完全自动化的过程，人类的数据生产能力已不再具有可比性。随着物联网技术、智能城市技术和工业控制技术的广泛应用，数据生产是完全自动化的，自动化的数据生产必然会产生大量数据。即使是今天人们使用的大多数数字设备也可以被认为是一种自动化的数据生产设备。我们的手机将与数据中心保持联系，通话记录、位置记录、成本记录将由服务器记录，使用计算机时我们访问网页的历史记录，访问习惯将由服务器记录和分析。我们生活在城市和社区，到处都是传感器和摄像机，它们不断地产生数据，保护我们的安全；天空中的卫星、地面上的雷达、空中的飞机不断自动生成数据。

2. 数据生产被整合到每个人的日常生活中

在计算机早期，数据的制作往往只由专业人员完成。随着计算机技术的飞速发展，计算机得到了迅速普及。特别是手机和移动互联网的出现，将数据的产生与每个人的日常生活结合起来，每个人都成为数据的生产者。发送微博、拍照、使用公交卡和银行卡、QQ 上聊天、玩游戏，数据的产生已经完全融入我们的生活。个人数据的产生呈现出随时随地、移动化的趋势，我们的生活已经是数字化的生活了。

3. 越来越多的图像、视频和音频数据

几千年来，人们主要依靠文本来记录信息。随着科技的发展，越来越多的人使用视频、图像和音频来记录和传播信息。过去，我们只通过文本在互联网上聊天，现在我们可以使用视频。人们越来越习惯使用多媒体进行通信。城市的摄像机每天都会产生大量的视频数据，由于技术的进步，图像和视频的分辨率越来越高，数据量也越来越大。

4. 网络技术的发展为数据生产提供了极大便利

在前面提到的产生大数据的原因中，缺乏一个重要的内容：互联网。网络技术的迅速发展是大数据的重要催化剂。没有网络的发展，就没有移动互联网，我们就不可能随时随地实现数据生产。没有网络的发展，就不可能实现大数据视频数据的传输和存储；没有网络的发展，就不会有大量数据的自动生成和传输。网络的发展催生了云计算等网络应用的出现，将数据产生的触角延伸到网络的各个终端，使任何终端产生的数据能够快速有效地得到传输和存储。很难想象大数据会出现在一个非常恶劣的网络环境中，因此我们可以认为大数据的出现取决于集成电路技术和网络技术的发展。集成电路为大数据的产生和处理提供了计算能力的基础，网络技术为大数据的传输提供了可能。

5. 云计算概念的出现进一步推动了大数据的发展

云计算的概念在 2008 年左右进入我国。1960 年，人工智能之父麦卡锡预言，“未来计算机将作为公共设施向公众开放”。2012 年 3 月，在国务院工作报告中，云计算作为附录给出了政府官方的解释，表达了政府对云计算产业的重视。云计算在政府工作报告中被定义为：“云计算，一种用于增加、使用和提供基于互联网的服务的模型，通常涉及在互联网上提供动态可伸缩和经常虚拟化的资源。”

它是传统计算机和网络技术融合的产物，这意味着计算能力也可以作为一种商品在互联网上流通。随着云计算的出现，计算和服务可以通过网络提供给用户，用户的数据也可以很容易地通过网络传输。云计算在未来扮演着重要角色。数据的生产、处理和传输可以通过网络快速进行，改变了传统的数据生产模式。这一变化大大加快了数据生产的速度，对大数据的产生起到了至关重要的作用。

### （三）数据计量单位

大数据出现后，计量单位的数据也逐渐发生了变化。常用的 MB 和 GB 不能有效地描述大数据。当研究和应用大数据时，我们经常会接触到数据存储的测量单位。数据存储的测量单位描述如下：

在计算机科学中，我们通常使用二进制数，如 0 和 1 来表示数据信息。最小的信息单位是位，0 或 1 是位。8 位是字节（字节），例如 10010111 是字节。人们习惯于用大写字母 B 来表示比特。在单个系统中，信息通常以 2 为单位，例如 1024 Byte=1KB（Kilo-Byte，千字节）。

目前，主流市场的硬盘容量大多为 TB，典型的大数据将普遍采用 PB、EB 和 ZB 这三个单元。

### （四）大数据是人类认识世界的一种新手段

由于好奇的天性，人类不断认识自己所生活的世界。古人通过观察了解世界，发现火可以煮食物，石头可以凿坚果，发现月亮有圆缺。随着知识的不断积累，人类开始把通过观察和实验获得的感性知识作为理论加以总结。伽利略在比萨斜塔的实验中，发现两个大小不同的铁球同时落地，这是人类认知从感性经验上升到理性理论的一个重要实验。有了理论，人类就可以用理论来分析和预测世界。我们有日历，可以预测一年中的季节，指导春天和秋天的农业生产。随着理论的逐步完善，人类通过计算和模拟就能发现和理解新的规律。目前，大量材料在材料科学研究中的特点是通过“第一原理”和软件模拟来完成的。在全面禁止核爆炸的情况下，原子弹的研究也完全依赖模拟核爆炸的计算。人类认识世界的方式经历了实验、理论和计算三个阶段。随着网络技术和计算机技术的发展，人类最近获得了一种新的认识世界的方式，即用大量的数据来发现新的规律。这种认识世界的方法被称为“第四范式”。这是由美国著名科学家吉姆·格雷（Jim Gray）

在 2007 年提出的。这标志着科学界正式采用数据作为了解世界的公认方式。大数据出现后，人类认识世界的途径有四种：实验、理论、计算和数据。现在我们一年可能比过去几千年产生的数据更多，人类逐渐进入大数据时代。第四范式表明，利用海量数据和高速计算可以发现新的知识。在大数据时代，计算和数据之间的关系变得非常密切。

### （五）几种高性能计算系统的比较分析

大数据系统（Big Data System）也是一种高性能计算系统，采用集群方式可以完成传统技术无法及时完成的、能够接受和满足应用需求的大量数据计算任务。从传统的计算机科学出发，高性能计算系统主要应用于材料科学计算、天气预报、科学模拟等科学计算领域。这些领域的计算工作以大量的数值计算为基础，是一个典型的计算密集型高性能计算应用。在人们的心目中，高性能计算主要是由一些科学家使用的，而且离人们的日常生活还有很远的距离。随着越来越多的数据被人们掌握，高性能的计算系统不可避免地需要应对海量数据带来的挑战。高性能数据计算系统使得高性能计算领域得到了扩展。随着大数据应用的普及，高性能计算逐渐进入人们的日常生活。从高性能计算的角度来看，大数据系统是一种面向数据的高性能计算系统，其基本结构通常是基于集群技术的。

大数据系统继承了传统高性能计算的基本框架，优化了海量数据的处理方式，使高性能的计算能力更容易有效地应用于海量数据的分析计算中。在大数据系统条件下，在高性能计算中必须认真考虑系统中的数据存储和移动问题。该系统的体系结构复杂度高于面向计算的高性能计算系统。大数据系统往往屏蔽了用户内部管理和调度的复杂性，实现了数据的自动化并行处理，降低了编程的复杂度。在面向计算的高性能计算系统中，通常要求程序员对计算问题进行分段处理，并对每个计算节点进行管理。大数据系统对系统的高可用性和可扩展性做了大量的工作，使得大数据系统的计算节点易于扩展，对单个节点的失效不敏感。因此，一些大数据系统，如谷歌，可以拥有 100 万个节点还要多。然而，面向计算的高性能计算系统通常不会自动处理节点故障，当节点数量大时，人工调度计算资源将面临很大的技术困难。因此，它只能应用于专业领域。

## （六）主要的大数据处理系统

大数据处理各种数据源，如结构化数据、半结构化数据、非结构化数据，对数据处理的需求是不同的。在某些情况下，大量的现有数据需要分批处理；在另一些情况下，大量的实时数据需要实时处理。在某些情况下，数据分析需要迭代计算，在某些情况下，需要对图形数据进行分析和计算。目前，主要的大型数据处理系统包括数据查询分析计算系统、批处理系统、流程计算系统、迭代计算系统、图形计算系统和内存计算系统。

1. 数据查询分析计算系统

在大数据时代，数据查询分析计算系统需要具有实时或准实时查询大规模数据的能力。数据规模的增长已经超过了传统数据库的承载能力和处理能力。目前，主要的数据查询分析计算系统包括 HBASE、Hive、Cassandra、Impala、Shark、Hana 等。

HBASE：是一个开源的、分布式的、面向列的、非关系数据库模型，是 Apache Hadoop 项目的一个子项目。它源自 Google 论文“Big Table：结构化数据的分布式存储系统”，它实现了压缩算法、内存操作和 Bloom 过滤器。HBASE 的编程语言是 Java。HBASE 的表可以用作 Map Reduce 任务的输入和输出，并且可以通过 Java API 访问。

Hive：是一个基于 Hadoop 的数据仓库工具，用于查询和管理分布式存储中的大数据集。它提供了完整的 SQL 查询功能，可以将结构化数据文件映射到数据表中。Hive 提供了一种 SQL 语言（Hive QL），它将 SQL 语句转换为要运行的 Map Reduce 任务。

Cassandra：开源 No SQL 数据库系统最初是由 Facebook 开发的，2008 年是开源的。由于其良好的可扩展性，Cassandra 被 Facebook、Twitter、Rack space、Cisco 等使用。它的数据模型借鉴了亚马逊的 Dynamo 和 Google Big Table，这是一种流行的分布式结构化数据存储方案。

Impala：由 Cloudera 开发，是一个开源的大型并行 SQL 查询引擎，运行在 Hadoop 平台上。用户可以使用标准的 SQL 接口工具查询存储在 Hadoop 的 HDFS 和 HBASE 中的 PB 大数据。

Shark：是一个 Spark 组件，即 Spark 上的 SQL，与 Hive 兼容，但处理 Hive

SQL 的速度是 Hive 的 100 倍。

Hana：是 SAP 公司开发的一个数据独立、基于硬件和基于内存的平台。

2. 批处理系统

Map Reduce 是一种被广泛使用的批处理计算模型。Map Reduce 对大数据采用“分而治之”并行处理的思想，数据关系简单，易于划分。数据记录的处理分为两种简单的抽象操作，即 Map 和 Reduce，并提供了统一的并行计算框架。批处理系统封装了并行计算的实现，大大降低了开发人员并行编程的难度。Hadoop 和 Spark 是典型的批处理系统。Map Reduce 的批处理模式不支持迭代计算。

Hadoop：目前大数据是最主流的平台，是 Apache Foundation 的开源软件项目，使用 Java 语言开发和实现。Hadoop 平台使开发人员能够在不了解底层分布或细节的情况下开发分布式程序，并在集群中存储和分析大数据。

Spark(火花)：是由加州大学伯克利分校的 AMP 实验室开发的。它适用于机器学习、数据挖掘等计算任务。Spark(火花)引入了内存计算概念。在运行 Spark 时，服务器可以将中间数据存储在 RAM 内存中，大大加快了数据分析结果的返回速度，可用于交互式分析场景中。

3. 流计算系统

流计算具有很强的实时性，需要对不断生成的数据进行实时处理，使数据不积压，不丢失，经常用于处理电信、电力等行业以及互联网行业的访问日志等。Facebook 的抄写员、Apache 的 Flume、Twitter 的 Storm、Yahoo 的 S4 和 UCBerkeley 的 Spark 流是常见的流计算系统。

Scrabe 是 Facebook 开发的一个开源系统，用于实时收集海量服务器的日志信息，对日志信息进行实时分析和处理，并应用于 Facebook。

水槽：水槽由 Cloudera 公司开发，功能与 Scribe 相似。它主要用于实时采集海量节点上生成的日志信息，存储在类似 HDFS 的网络文件系统中，并根据用户的需要对相应的数据进行分析。

Storm：基于拓扑的分布式流数据实时计算系统，由 Back Type 公司（后来被 Twitter 收购）开发，已被开源，并已应用于淘宝、百度、支付宝、Groupon、Facebook 等平台，是主流数据计算平台之一。

S4：S4 的全称是简单的可扩展流媒体系统，是雅虎开发的通用、分布式、可扩展、部分容错、可插拔的平台。其设计目的是，根据用户的搜索内容得到相应的推荐广告。现在它是开源的，是一个重要的大数据计算平台。

火花流：是建立在火花基础上的。流计算被分解为一系列短批任务，网站流量统计是一种典型的星火流使用场景。这种应用不仅需要实时的，而且还需要聚合、重叠、连接等统计计算操作。如果使用 Hadoop Map Reduce 框架，则可以很容易地达到统计要求，但不能保证实时性。如果使用 Storm，可以保证实时性能，但很难实现。火花流可以很容易地以准实时的方式实现复杂的统计要求。

4. 迭代计算系统

由于 Map Reduce 不支持迭代计算，所以人们对 Hadoop 的 Map Reduce 进行了改进。Haloop、Map Reduce、Twister 和 Spark 是典型的迭代计算系统。

Haloop：Haloop 是 Hadoop Map Reduce 框架的一个修改版本，用于支持迭代的递归类型的数据分析任务，如 PageRank、K-Means 等。

Map Reduce：一个基于 Map Reduce 的迭代模型，实现了 Map Reduce 的异步迭代。

Twister：基于 Java 的迭代 Map Reduce 模型，并将上一轮约简的结果直接传输到下一轮 Map。

Spark：是一个基于内存计算的开源集群计算系统。

5. 图计算系统

社交网络、网络链接等包含着复杂关系的图形数据，这些图形数据可以包含数十亿个顶点和数百亿个边，图形数据需要由一个特殊的系统来存储和计算。常用的图形计算系统包括 Google 的 Pregel、Pregel Gi 相图的开源版本、Microsoft 的 Trity、伯克利 AMPLab 的 GraphX 和高速图形数据处理系统的 Power Graphs。

Pregel 开发的分布式图形数据计算编程框架：Google 采用迭代计算模型。Google 大约 80% 的数据计算任务是在 Map Reduce 模式下处理的，比如 Web 内容索引。图数据的计算任务约为 20%，由 Pregel 进行处理。

Gi 相图：这是一个迭代的图形计算系统，最初是由 Yahoo 开发的，以供 Pregel 参考，并捐赠给 Apache 软件基金会，使其成为一个开放源码的图形计算系统。Gi 相图基于 Hadoop，Facebook 在其搜索服务中大量使用 Gi 相图。

微软开发了一个图形数据库系统，这个系统是一个基于内存的数据存储和操作系统，源代码是不开放的。

Graphx：是 AMPLab 开发的图形数据计算系统，运行在数据并行的 SPark 平台上。

PowerGraphs：一种高速图形处理系统，常用于广告推荐计算和自然语言处理内存计算系统。

随着内存价格的降低和服务器可配置内存容量的增加，利用内存计算完成高速大数据处理已成为大数据处理的一个重要发展方向。目前，常用的内存计算系统有分布式内存计算系统（SPark）、全内存分布式数据库系统（Hana）和 Google 的可扩展交互式查询系统（Dremel）。

Hana：SAP 基于内存的、面向企业的分析产品。

Dremel：Google 的交互式数据分析系统可以在数千台服务器上启动计算，在 PB 级对数据进行处理，它是 Google Map Reduce 的补充，大大缩短了数据的处理时间，并成功应用于 Google 的 BigQuery 中。

### （七）处理大数据的基本程序

大数据的处理流程可以定义为利用合适的工具提取和集成各种异构数据源，按照一定的标准统一存储，并利用适当的数据分析技术对存储的数据进行分析。从中提取有用的知识，并以适当的方式将结果呈现给最终用户。

1. 数据提取与集成

由于大数据处理的数据源类型丰富，所以大数据处理的第一个步骤是提取和集成数据，从数据中提取关系和实体，并通过关联和聚合操作，按照统一的定义格式存储数据。数据抽取和集成有三种方法：基于物化或数据仓库的引擎、基于联邦数据库或中间件的引擎和基于数据流的引擎。

2. 数据分析

数据分析是大数据处理过程中的核心环节。通过数据的提取和集成，从异构数据源中获取用于大数据处理的原始数据。用户可以根据自己的需要对这些数据进行分析和处理，如数据挖掘、机器学习、数据统计等。数据分析可用于决策支持、商业智能、推荐系统、预测系统等。

3. 数据解释

大数据处理过程中用户最关心的是数据处理的结果，正确的数据处理结果只有通过适当的表示才能被最终用户正确理解，所以数据处理结果的显示是非常重要的。可视化和人机交互是数据解释的主要技术。

在开发调试程序时，经常会通过打印语句来显示结果，这些语句非常灵活方便，但只有熟悉该程序的人才能很好地理解打印的结果。

利用可视化技术可以通过图形的方式将处理后的结果可视化地呈现给用户。标签云、历史流、空间信息流等是常用的可视化技术。用户可以根据自己的需要灵活地使用这些可视化技术。人机交互技术可以引导用户逐步分析数据，使用户参与数据分析的过程，深入了解数据分析的结果。

## 二、大数据的典型应用实例

### （一）大数据在高能物理中的应用

高能物理是推动计算机技术发展的主要学科之一。万维网技术的出现源于高能物理对数据交换的需求。高能物理是一门自然学科，面对大数据，高能物理科学家往往需要从大量数据中找出一些粒子事件的小概率，这就像是在大海捞针。世界上最大的高能物理实验设备是日内瓦欧洲核中心（CERN）的大型强子对撞机，其主要物理目标是寻找希格斯（Higgs）粒子。高能物理中的数据处理是典型的离线处理，探测器组负责在实验中获取数据，现在每年收集的最新LHC实验数据达到15PB。为了识别高能物理中有用的事件，可以利用并行计算技术对每个数据文件进行独立分析和处理。中科院高能物理研究所第三代探测器BES Ⅲ的数据规模已达到10PB左右。在大数据量的条件下，高能研究所的数据中心系统可以通过计算、存储和网络直接测试。在实际数据处理中，BES Ⅲ数据分析甚至需要打电话给俄罗斯、美国、德国等国的数据中心，通过网格系统完成任务。

### （二）建议制度

推荐系统可以利用电子商务网站向客户提供信息和建议，帮助用户决定购买什么，模拟销售人员帮助客户完成购买过程。我们经常在网上看到一个产品推荐或系统弹出在一个特定的位置，这些项目可能正是我们感兴趣或想要购买的。这就是推荐系统发挥作用的地方。目前，推荐系统在商品推荐、新闻推荐、视频推荐等方面都发生了变化，推荐方式包括网页推荐、电子邮件推荐、弹出推荐等。推荐过程的实现完全依赖大数据。当我们访问网络时，我们的访问行为被各种网站记录和模拟。一些算法还需要融合大量的其他的信息，得到每个用户的行为模型，并将模型与数据库中的产品进行匹配，以完成推荐过程。为了实现这一点，推荐过程中需要存储大量的客户访问信息，对于大量的电子商务站点用户来说，这些信息数据是非常大的。推荐系统是一个非常典型的大数据应用，只有在对大量数据进行分析的基础上，推荐系统才能准确获得用户的兴趣点。有些推荐系统甚至结合用户社交网络来实现推荐，需要对较大的数据集进行分析，从而挖掘数据之间的广泛联系。推荐系统使得大量看似无用的用户访问信息具有巨大的商业价值，这是大数据的魅力所在。

### （三）搜索引擎系统

搜索引擎是最常见的大数据系统，是简单和复杂的完美结合，最常用的开源系统 Hadoop 是根据 Google 的系统架构设计的。

为了有效完成互联网上大量信息的搜集、分类和处理，搜索引擎系统大多是基于集群架构的。早些时候，中国的搜索引擎还包括北京大学的天网搜索。天网搜索是由数百台 PC 组成的集群建立的，谷歌也采纳了这一想法。谷歌只能利用廉价的服务器，因为它的早期搜索利润微薄。每个搜索请求都可能有大量的服务响应。搜索引擎是一个典型的成熟的大数据系统。它的发展过程为大数据研究积累了宝贵的经验。第一届全国搜索引擎与在线信息挖掘研讨会于 2003 年在北京大学召开，极大地推动了我国搜索引擎技术的发展。搜索引擎和数据挖掘技术的结合标志着大数据时代的到来。从某种意义上说，这次会议是我国第一次大数据领域的重要学术会议。

### （四）百度迁徙

百度迁徙是利用 2014 年其定位服务的数据，在屏幕上可视化春节期间的人员流动情况。位置信息来自百度地图的 LBS 开放平台，该平台通过安装在大量移动终端上的应用程序获取用户位置信息。这些数据信息通过数据可视化，反映国家的整体迁徙情况，为人们了解春节交通状况和决策管理机构进行管理决策提供第一手的信息支持。这个大数据系统所提供的服务为政府未来的科学决策和社会科学研究提供了一种新的技术手段，这也是一个大数据进入人们生活的例子。

## 三、大数据集群技术

摩尔定律指出，当价格不变时，集成电路上可以容纳的晶体管数量将每 18 个月增加一倍，其性能将翻一番。随着集成电路逐渐达到物理极限，进入量子力学的规模，摩尔定律预测的增长率逐渐减慢。同时，全球数据的增长速度也越来越快，并且逐渐超过了集成电路的增长速度。采用集群技术已经成为迎接大数据挑战的最直接途径。当 CPU 计算速度不能满足数据增长的需求时，可以通过增加计算节点的办法来解决，这从技术角度来说是最简单的。所以目前我们看到的大数据系统基本上采用了集群结构。

集群系统一直被认为是一种高端设备，只有少数人有能力和机会使用，但大数据的出现使集群系统逐步走进我们的日常生活。大数据概念出现后，基于集群的大数据的不同体系结构有的面向批量处理，有的面向流程处理，集群技术的发展将在大数据时代获得新的活力。学习和理解大数据系统还需要了解集群系统的基本知识，下面介绍集群系统的一些基本知识。

### （一）集群文件系统的基本概念

数据存储是人类不懈研究的内容之一。最早的原始人用结绳来记录和存储数据。后来，我国商代以甲骨文作为信息存储的载体。在西周和春秋时期，竹简被用作信息载体。竹简是我国历史上最长的信息记录载体之一。2 世纪初，东汉蔡伦成功改进了造纸术。从那以后，纸张一直成为 1000 多年来主要的信息记录载体。直到今天，我们仍然用纸作为信息记录的载体。

计算机的出现又改变了记录信息的方式，从穿孔纸带、磁鼓到硬盘、CD、Flash 芯片等。几十年来，人类记录信息的能力发生了数量级的变化。

信息记录伴随着人类历史的发展，文件系统技术是云计算技术发展的重要组成部分，数据存储对云计算系统的体系结构有着重要的影响。传统的存储方式通常是集中部署磁盘阵列，这种存储结构简单方便，但当使用数据时，不可避免地会出现数据在网络上传输的情况，给网络带来很大压力。随着大数据技术的出现，面向数据的计算已经成为云计算系统需要解决的问题之一，集中式存储模式面临着巨大挑战。计算迁移到数据的新概念使集中式存储不再存在，集群文件系统在这种情况下应运而生。目前，HDFS、GFS、Lustre 等文件系统都属于集群文件系统。

集群文件系统存储数据时，不把数据放在单个节点存储设备上，而是根据一定的策略将数据分配到不同物理节点的存储设备上。集群文件系统中每个节点的存储空间，形成虚拟全局逻辑目录。当集群文件系统根据逻辑目录访问文件时，根据文件系统固有的存储策略和相应的物理存储位置实现文件的定位。集群文件系统比传统的文件系统复杂，需要解决不同节点上的数据一致性和分布式锁定机制，因此集群文件系统已经成为云计算技术的核心研究内容之一。

在云计算系统中采用集群文件系统具有以下优点：

由于集群文件系统本身维护着逻辑目录和物理存储位置之间的对应关系，集群文件系统是许多云计算系统实现数据计算迁移的基础。使用集群文件系统，可以在数据的存储节点位置启动计算任务，从而避免由于数据在网络上传输而造成的拥塞。

集群文件系统可以充分利用每个节点的物理存储空间，通过文件系统形成一个大规模的存储池，为用户提供统一、灵活、可扩展的存储空间。

集群文件系统的备份策略和数据块策略可以实现数据存储的高可靠性和数据读取的并行化，从而提高数据的安全性和数据访问效率。

利用集群文件系统可以实现利用廉价服务器建立大规模高可靠性存储的目的，并通过备份机制保证数据的高可靠性和高可用性。

### （二）集群系统概览

集群系统是由网络连接的计算机（节点）组成的分布式系统。集群中的每个节点都有独立的存储系统。与共享存储系统相比，集群是一个松散耦合的系统。目前，集群系统是实现高性能计算的主要方法。集群系统既是计算的聚合，也是存储的聚合。这里提到的分布式系统包括分布式计算和分布式存储。

集群系统主要是为了满足高性能计算的需求。早期的高性能计算通常由大型并行计算机和矢量计算机实现。随着单机性能的提高，近年来，高性能计算机大多是通过工作站机群来实现的，甚至高性能机群系统也是用通用的商用硬件和免费软件来实现的。这类系统被称为 Beowolf（贝奥武夫）系统。Beowolf 集群是一种用于并行计算的集群体系结构，通常是通过以太网或其他网络由一个主节点和多个子节点连接的系统。它使用市场上可用的普通硬件（如带有 Linux 的 PC）、标准以太网卡和交换机。它不包含任何特殊的硬件设备，可以重新配置。“贝奥武夫”这个词来自现存最古老的英语史诗之一，这个比喻是指以更低的成本与数百万用户共享计算机资源。1994 年夏天，托马斯·斯特林和唐·贝克尔在空间数据和信息科学中心利用 16 个节点和以太网组成了第一个 Beowolf 集群系统。Beowolf 集群的出现使得并行计算技术得以普及，以前只有高端用户才能使用的高性能计算系统现在可以在一般实验室中使用。

由于 Beowolf 系统能够以廉价的设备构建并行计算机系统，在一般的实验室环境下实现高性能的计算，因此它的概念在云计算和大数据领域得到了很好的应用。

人们在集群系统应用中的长期积累使得利用集群来实现大数据系统成为可能。因此，目前的大数据系统都采用了集群技术。从技术角度看，利用集群系统进行大数据的分析和存储是最容易实现的。蚁群的基本思想是雄性蚂蚁的策略。当小蚂蚁组成一个团队时，即使是动物中的老虎和狮子也能被打败，但前提是蚂蚁本身能够有效地组织起来。有效组织的集群系统中单个节点的计算能力可能不是很强，但聚集在一起的计算能力将非常强。目前，世界上大多数高性能计算系统都采用集群体系结构。个人的软弱和不稳定，以及整体的力量和稳定，在这里形成了一个完整的统一体。从 Google 的搜索系统到开源 Hadoop，它强调自己的系统是为廉价服务器集群设计的。

与专用大型计算机系统相比，大数据系统在采用集群体系结构方面具有以下优点：

1. 低价

大数据集群主要由通用的服务器系统组成，一些大型企业如 Google 可以定制相应的服务器，减少不必要的模块，降低服务器的生产成本。目前，普通服务器的价格已经变得非常便宜，传统的大型机由于都是专用设备而非常昂贵。有些系统甚至使用个人计算机来构建类似 Beowolf 系统的廉价集群，并引入相应的技术，以保证整个系统的高可靠性。

2. 良好的系统扩展性

在大数据系统中使用集群可以实现良好的系统扩展性。随着大数据量的快速发展，系统规模将随着数据规模的扩大而扩大。这种扩展性提供了逐步按需扩展的能力，大大节省了系统投资。传统的大型机定制系统缺乏可扩展性，不能适应数据规模的不断扩大。

3. 高可用性

基于集群系统的大数据分布式计算和存储系统可以很容易地实现整个系统的高可用性。系统的单节点故障不再被认为是系统的严重故障。基于集群技术的大数据系统一般假定单点故障是系统的正常状态，个体不稳定性不影响整个系统的稳定性。例如，Hadoop 系统可以在其存储的数据上实现多个备份存储，以确保节点损坏时不会丢失数据。

4. 简单系统连接

传统的大型机和矢量机的实现需要特殊技术，但在集群系统中，可以使用公共网络来连接节点。对于一些对数据要求较高的系统，可以采用高性能的通信网络连接，并采用消息传递机制来完成通信机制。这些技术是通用技术，不需要非常特殊的设备。

5. 高系统柔性

集群系统是一种多指令、多数据流的系统，基于集群系统可以实现批量处理大数据系统和流程处理大数据系统。每个节点的存储空间可以由节点本身使用，也可以由一个统一的组织作为分布式文件系统使用。

### （三）大数据并行计算的层次结构

在集群中实现大数据处理的一个很大的困难是，当我们将计算任务或数据分析放到集群中进行处理时，没有一种通用的方法。该问题可以用不同的粒度进行分解，这涉及并行计算的层次化问题。并行计算可分为以下几个层次：

1. 程序级并行

如果一个数据分析任务可以分为几个独立的计算任务，并分配给不同的节点进行处理，这种并行就称为程序级并行。程序级并行具有同时进行运算或操作的特性，这意味着问题很容易在集群中执行，子问题之间的通信成本也很小，因为被拆分的任务是独立的。不需要在集群节点之间进行大量数据传输。程序级并行中的每一个计算任务都可以看作是一个没有任何计算关联和数据关联的任务，其并行性是自然的和宏观的。

2. 子程序级并行

一个程序可以分为多个子例程任务，并由集群并行执行。最后，通过合并结果得到最终的结果，称为子程序并行。子程序级并行是对程序级并行性的进一步分解，粒度小于程序级并行。一些基于切片数据的批量处理大数据系统可以认为是次级并行。如果 Hadoop 系统数据被分割并存储在分布式文件系统的集群中，则将每个子程序分配给节点，计算完成后，采用约简过程来实现数据合并。这种面向数据的并行计算易于实现并实现了并行化。子程序级并行是大数据系统中并行计算的主要层次。

较小的并行级别还包括语句级并行和操作级并行，这两种类型的并行性在集群中并不常见。由于并行粒度太小，增加了并行任务之间的相关性，节点间的消息通信过于频繁，集群节点之间的数据连接是低速网络连接，而不是总线或芯片级高速连接。在集群系统中，交换通信通常需要计算。由于大数据系统往往涉及大量的数据流量，因此最大限度地减少数据传输是大数据系统的基本原则之一。在 Hadoop 系统中，为了减少数据通信的压力，采用了数据迁移的计算策略。

## （四）大数据系统的分类方法

1.Flynn（弗林）分类

大数据集群类似于并行计算系统，需要面对的对象是计算和数据。传统的高性能计算系统倾向于面向计算，其主要目的是快速计算。大数据系统首先把数据的重要性放在首位，在对大数据进行分类时，只考虑计算和数据。Flynn 分类是基于指令流和数据流之间的关系。这种分类方法是 Flynn 于 1972 年提出的。我们可以使用 Flynn 对大数据系统进行分类。

单指令单数据系统：每条指令一次只能在一个数据集上运行，这通常是单台串行计算机的操作方式。

单指令多数据系统：同一指令同时运行于不同的数据集上。批量处理大数据系统是一种 SIMD 系统，它根据一定的规则将海量数据分割成小的数据块，并分配给集群中的每个节点。该系统通过分布式文件系统管理和监控数据存储位置关系，在数据开始计算时将计算程序分发给各节点，并依赖分布式文件系统从本地机器上读出所需处理的数据。批处理系统对每个数据块执行相同的计算任务，特别适用于批量数据的离线批量处理。该批处理大数据系统可以看作是一种 SIMD 系统。

多指令多数据系统：每个处理单元可以分别执行指令，并且有一个独立的数据集。网络连接的集群系统是一个 MIMD 系统，因为集群中的每个节点都可以完全独立地计算和存储数据。MIMD 集群提供了最大自由度的大数据，基于 MIMD 可以实现 SIMD 批量处理，也可以实现流程处理，这就是为什么大数据系统是集群系统的原因。

2. 批流处理

目前的大数据系统可分为两大类：批处理系统和流处理系统。

批处理大数据系统利用数据的空间并行性，根据计算和数据迁移的原理，对海量数据进行划分，实现了数据的并行处理。批处理大数据系统通常是完成对数据的离线分析，典型的响应时间是分钟级、小时级甚至数日。批处理系统具有并行化方法简单、可实现自动并行的优点。然而，由于处理模式是批处理模式，因此在面对实时应用程序或对于不同的数据块需要不同的计算任务时，它是不灵活的。Hadoop 是一个典型的批处理系统。

大数据系统通过开发数据的时间并行性，将数据处理过程划分为具有顺序因果关系的多个处理步骤进行任务分割，从而实现流处理。流处理通常用于大数据的实时处理领域，典型的响应时间可以小于秒。由于流程处理系统需要对任务进行分段，但任务分割不能像数据分割那样自动完成，需要设计者的干预，无法实现自动并行化。然而，流程处理具有更灵活的任务处理能力，已成为大数据关注的焦点。风暴是一种典型的实时流处理系统。

批处理和流处理有各自的应用范围和功能。有些系统可以同时使用批处理和流处理系统，实现了实时反映用户需求的应用实时流处理系统。

### （五）单一系统映射

大数据系统所使用的集群系统规模往往很大，而大规模集群系统的协调是一项非常复杂的任务。一般来说，大数据系统的物理结构是非常复杂的，单一的系统映像可以使用户看不到集群的复杂性，用户可以使用大数据集群系统，比如操作一台机器。单系统映射技术在集群中非常普遍，如高性能的计算集群、网格等系统来实现单一的系统映像。

对于大数据系统，单个系统映像包含以下几个方面的含义：

（1）数据可以在系统中分布存储，但只有一个逻辑存储区域供用户使用。用户不关心数据存储在哪个节点上。

（2）数据的计算可以是分布式的，但用户似乎是统一的，计算的分布是由系统统一的。一些大数据系统需要用户对计算进行分段，但用户不需要考虑特定的物理节点分配问题。

一般情况下，单系统映像是为了保证大数据集群系统的物理设备和逻辑视图是孤立的，从逻辑上看，整个系统与一台计算机非常相似。目前，大多数大数据系统都能满足单一系统映像的要求。大数据系统的体系结构是为了隐藏集群的复杂性，这样用户就可以在一个简单的逻辑视图中工作。

## （六）组群的一致性

在集群的基础上构建。大数据系统的一致性是一个需要认真对待的重要问题。让我们用一个类比来理解一致性问题：现在我们往往有不止一个存储数据的地方，例如办公室计算机、家用笔记本电脑、移动硬盘等。为了确保执行特定任务，我们可能需要将文件复制到便携式硬盘或复制到膝上型计算机。文件通常是在不同的介质中移动的，许多人想知道介质上的文件的哪个版本是最终版本。这是由于文件在不同媒体中不一致。为了确保所有文件的一致性，我们可能需要在多媒体上不断更新和复制文件的最终版本，这是我们自己的一致性解决方案。但是，在集群系统中这样做并不容易，因为在集群系统中，可以读取、修改甚至删除大量数据，同时也可以有大量用户频繁地进行数据操作。在这种情况下确保一致性可能是相当困难的。

一致性要求系统在并发访问相同数据时返回相同的结果，一致性可分为以下类型：

强一致性：强一致性系统只有在所有副本相同之后才返回，当系统不一致时无法访问，强一致性确保所有访问结果都是一致的。

弱一致性：在弱一致性系统中更新数据后，数据的后续读取不一定会得到更新后的值。

最终一致性：最终一致性允许系统在实现一致性之前有一个不一致的窗口周期，并且系统最终可以在窗口周期完成后确保一致性。不一致窗口的最大数量可以由通信延迟、系统负载和复制方案中涉及的副本数量等因素决定。

为了实现最终的一致性，需要尽快实现复制。以下两种副本是常用的。

例如，在具有三个副本的分布式文件系统中，第一种方法是在 A 节点接收数据后同时将副本分发给 B 节点和 C 节点，从而使 A、B、C 中的副本完全一致。第二种方案是在从 A 节点接收数据后将副本分发给 B 节点，然后在 B 节点接收数据后将副本分发给 C 节点。该方法可以更好地利用集群中的网络资源。这就是 Google 的 GFS 文件系统的工作方式。

下面从服务器的角度来分析一致性，假设 N 是数据的拷贝数；W 来更新数据需要确保节点的数目完成写入；R 是读取数据的节点数。

当 W+R ＞ N 时，由于节点写入和读取重叠，系统保证了较强的一致性，然后利用抽屉原理证明了强一致性条件。

抽屉原理描述如下：如果你在 n 个抽屉里放了一个以上的东西，至少有一个抽屉里有不少于两个物品。

系统中未正确写入的节点数为 N-W，当 R ＞ N-W 时，如果所有数据读取发生在未正确写入的节点上，则未正确写入的节点必须按照抽屉原理读取两次。这是不实际的，并且至少在正确写入的节点上发生了一次数据读取，因此 R ＞ N-W 条件是系统的强一致性条件，或者可以写为 W+R ＞ N。

例如，为了确保 HDFS 文件系统的高可用性，如果 W3 表示在读取数据时需要编写三份副本，那么所有副本必须是一致的，确保系统中的强一致性。但这增加了数据写入失败的可能性，只要副本没有正确写入，操作就不会成功。例如，当 W=2，R=2，N=3，只要两份副本被正确写入，系统可以同时读取两份数据，并且根据抽屉原理，必须有一份能够正确读取的副本。这确保了数据的强一致性，但如果 R=1 系统很可能读取未正确写入的副本节点，因而无法保证系统的一致性，则通常在 W+R ≤ N（也基于抽屉原理）时是弱一致的，系统可以读取 W+R ≤ N 中未正确写入的数据。

## 四、云计算与大数据的发展

### （一）云计算和大数据的开发

许多人认为云计算是近年来推出的，事实上早在 1958 年，人工智能之父约翰·麦卡锡（John McCarthy）就发明了功能语言 LISP，后来成为 Map Reduce 的来源。约翰·麦卡锡在 1960 年预测，“未来计算机将作为公共设施向公众开放”，这一概念与我们现在定义的云计算非常相似。但是当时的技术条件决定了这个想法仅仅是对未来技术发展的一种预测。直到这项技术发展到一定阶段，云计算才真正出现。人们普遍认为，云计算是一种新的技术体系和产业模式，在网络技术发展到一定阶段后必然会出现。很难想象像云计算这样的技术变革，1986 年中国第一封电子邮件以 560 bps 的网络传输速度发送。1984 年，Sun 提出了“网络就是计算机”的思想，这是云计算的特点。2006 年，Google 公司首席执行官埃里克・施密特提出云计算的概念，2008 年云计算概念传入中国，2009 年，第一届中国云计算大会召开，云计算技术和产品发展迅速。

随着社会网络、物联网等技术的发展，数据以前所未有的速度增长和积累。根据 IDC 的数据，全球数据量每年增长 50 倍，在两年内翻一番，这意味着世界在过去两年中产生的数据将超过以往所有数据的总和。2011 年，全球数据总数达到 1.8 ZB。到 2020 年，全球数据量将达到 35 ZB。2008 年，Naure 杂志发行了大数据特刊，2011 年《科学》杂志推出了大数据特刊，讨论了科学研究数据的问题。2012 年，大数据的关注度和影响力迅速增长，成为当年达沃斯世界经济论坛（World Economic Forum）的主题。2012 年，中国计算机学会成立了大数据专家委员会，并发布了一份关于大数据技术的白皮书。

网络技术在云计算和大数据的发展中发挥了重要作用。可以认为，信息技术的发展经历了硬件开发和网络技术两个阶段。在这一阶段，硬件技术的水平决定了整个信息技术的发展水平，硬件的每一个进步都对信息技术的发展产生了强烈影响。从电子管技术到晶体管技术到大规模集成电路，这种技术变革已成为工业发展的核心动力。然而，网络技术的出现已经逐渐打破了简单的硬件能力决定了技术的发展的局面，通信带宽的发展为信息技术的发展提供了新的动力。在这一阶段，通信带宽已经成为信息技术发展的决定性力量之一。云计算和大数据技术的出现就是这一阶段的产物。它的广泛应用不仅仅是依靠一个人的发明，而是技术发展的必然结果，决定生产关系的生产力规律仍在这里成立。

移动互联网的出现和迅速普及，对云计算和大数据的发展起到了一定的推动作用。移动客户端与云计算资源库的结合极大地扩展了移动应用的思想。云计算资源可以在任何时间、任何地点和任何移动终端上实现。移动互联网扩展了以网络资源交付为特征的云计算技术的应用能力。同时，也改变了数据的生成方式，促进了全球数据的快速增长，促进了大数据技术和应用的发展。

云计算是一种新兴的、领先的信息技术，它结合 IT 技术和互联网实现超级计算和存储的能力。云计算崛起背后的驱动力是高速互联网和虚拟化技术的发展，更廉价、更强大的芯片、硬盘驱动器、数据中心。云计算作为下一代企业数据中心，其基本形式是将大量共享的 IT 基础设施连接在一起，不受本地和远程计算机资源的限制，可以方便地访问云中的虚拟资源。使用户和云服务提供商能够像访问网络一样进行交互。具体来说，云计算的兴起有以下几个因素：

1. 高速互联网技术的发展

网络用于信息发布、信息交换、信息搜集、信息处理。互联网内容已不再像往年那样一成不变，门户网站随时更新网站内容，网络功能、网络速度也在急剧变化，网络成为人们学习、工作和生活的一部分。但网站只是云计算应用和服务的缩影，云计算强大的功能是移动互联网、大数据时代的萌芽。

云计算可以利用现有的 IT 基础设施，在很短的时间内处理大量信息，以满足动态网络的高性能要求。

2. 资源利用需求

能源消耗是企业特别关注的问题。大多数企业服务器的计算能力都很低，但也需要消耗大量的能量来冷却数据中心。云计算模型的引入可以通过整合资源或租用存储空间、租用计算能力等服务来降低企业运营成本，节约能源。

同时，利用云计算集中资源提供可靠的服务，可以降低企业成本，增强企业的灵活性，企业可以花更多的时间为客户服务，并进一步研发新产品。

3. 简单创新需求

在实际业务需求中，越来越多的个人和企业用户期待着计算机操作的简化，可以直接通过购买软件或硬件服务，而不是软件或硬件实体来实现。这将为我们的学习、生活和工作带来更多的便利，可以在学习场所、工作场所、住所建立方便的文献或信息共享链接。同步我们在云端需要的所有数据、文档和程序。

4. 其他所需经费

连接设备、实时数据流、SOA 和移动互联网应用（如搜索、开放协作、社交网络和移动商务）的使用急剧增加。数字组件性能的提高也大大增加了 IT 环境的规模。这进一步加强了对统一云管理的需求。

个人或企业希望能够在不同的地方进行项目和文档的协同工作，在复杂的信息中方便找到他们所需要的信息，这也是云计算的原因之一。

人类历史不断证明生产力决定生产关系，技术发展史也证明技术能力决定技术形态。纵观信息技术的发展历史，我们可以看出，信息产业的发展在不同时期有两个重要的内在动力，即硬件驱动力、网络驱动力。这两种驱动力的对比和变化决定了不同产品在行业中的出现时间和不同形式的企业出现和消亡的时间。正是这两种动力的变化导致了信息产业技术体系的分离和融合，技术形式也经历了两个过程：从一体化到分工，从分工到一体化。从最早的集中式计算到个人计算机的分散计算，再到集中式云计算，这也是解决许多行业混乱的关键。

硬件驱动时代催生了 IBM、微软、英特尔等企业。20 世纪 50 年代，最早的网络开始出现，网络的力量开始在信息产业发展的动力中显现出来。但当时的网络性能很弱，网络并不是推动信息产业发展的主要动力，而处理器等硬件的影响仍然占据绝对主导地位。然而，随着网络的发展，网络通信的带宽逐渐增加。从 20 世纪 80 年代的局域网到 90 年代的 Internet，网络逐渐成为推动信息产业发展的主导力量。这一时期催生了百度、Google、亚马逊等企业。直到云计算的出现，网络才成为信息产业发展的主要动力。

### （二）为发展云计算和大数据做出贡献的科学家

在云计算和大数据的发展过程中，许多科学家做出了重要贡献。

Seymour Clay，超级计算机之父，成为解决计算和存储问题的纪念碑，被称为超级计算机之父。Seymour Clay 生于 1925 年 9 月 28 日，美国人，1958 年设计并制造了世界上第一台基于晶体管的超级计算机，这是计算机发展史上的一个重要里程碑。同时，它也为（RISC）高端微处理器的产生做出了巨大贡献。1972 年，他创立了克莱研究公司，一家专为生产超级计算机而设计的公司。从那时起十几年里，克莱已经创造了克莱 -1，克莱 -2 和其他模型，成为高性能计算领域的重要成员之一。

他亲自设计了 Clay 的所有硬件和操作系统。Clay 机器已经成为高性能计算学者的永久记忆。到 1986 年 1 月，世界上已有 130 台超级计算机投入使用，其中约 90 台由克莱的上市公司 Clay Institute 开发。美国商业周刊在 1990 年的一篇文章中写道，“Seymour Clay 的才华和非凡的干劲给本世纪的科技留下了不可磨灭的印记”。2013 年 11 月，高性能 500 强中排名第 2 和第 6 的都是 Clay 机器。

约翰·麦卡锡于 1927 年生于美国，1951 年在普林斯顿大学获得数学博士学位。他因在人工智能领域的贡献而于 1971 年获得图灵奖，麦卡锡被誉为“人工智能之父”，因为他在 1955 年的数据会议上引入了“人工智能”概念。人工智能已成为一门新兴学科。LISP 语言是 1958 年发明的，几十年后，LISP 语言 Map Reduce 成为谷歌云计算和大数据系统的核心技术。麦卡锡更有远见地预测，他在 1960 年提出，“计算机将作为一个公共事业在未来提供给公众”与云计算的想法没有什么不同。因为他早在半个多世纪前就预言了云计算的新模式，所以我们称他为“云计算之父”。

蒂姆·伯纳斯·李，互联网之父。云计算的出现得益于网络的发展，特别是互联网的出现，极大地促进了网络技术的发展，用户可以通过网络获得资源和服务。蒂姆·伯纳斯·李（Tim Berners-Lee）1955 年出生于英国，是英国皇家学会会员、英国皇家工程师学会会员和国家科学院院士。1989 年 3 月，他正式提出了万维网的想法，1990 年 12 月 25 日，他在日内瓦欧洲粒子物理实验室开发了世界第一个网页。最令人尊敬的是，他让这项技术免费提供，并传播到世界各地。

让我们向 http：/info.cern.ch 致敬，这是世界上第一个网页。由于蒂姆·伯纳斯·李的杰出贡献，他被称为“互联网之父”。

云计算和大数据是两个不可分割的概念。每个人都成了数据的生产者，物联网的发展使得数据随时随地出现，具有自动化、海量化的特点。大数据不可避免地出现在云计算时代。大数据之父吉姆·格雷（Jim Gray）生于 1944 年，在加州大学伯克利分校获得计算机科学博士学位。他是一位享有盛誉的数据库专家和 1998 年图灵奖获得者。2007 年 1 月 11 日，美国国家研究委员会计算机科学和通信处的吉姆·格雷阐述了科学研究的第四种范式，其认为依靠数据分析和挖掘也可以找到新的知识。目前云计算大数据系统中应用于数据计算的观点已经有了大量表现。

### （三）云计算与大数据的国内发展

自从云计算和大数据概念传入中国，中国对云计算产业和技术的发展给予了极大的重视。中国电子学会率先成立了云计算专业委员会，并于2009年召开了首届中国云计算会议。委员会随后举行了一次年度会议，成为云计算领域的一次重要会议，并发表了一份年度云计算技术发展报告，报告了该年云计算的发展情况。2012年，中国计算机学会成立了大数据专家委员会，2013年发表了“中国大数据技术与产业发展白皮书”，并主办了首届CCF大数据学术会议。

国内研究机构还开展了云计算、大数据研究工作，如清华大学、中国科学院计算研究所、华中科技大学、成都信息工程学院并行计算实验室等正在开展相关的研究工作。研究人员逐渐发现，云计算系统中存在着大量的问题需要解决，如理论框架、安全机制、调度策略、能耗模型、数据分析、虚拟化、迁移机制等。自第四范式被提出以来，数据已经成为科学研究的对象，大数据概念成为继云计算之后的信息产业的又一个热点，并成为科学研究领域的研究热点。

云计算2008年进入中国，2009年出现了项目，随后数量开始迅速增长，成为三个方向上项目数量最多的国家。大数据的概念自2012年提出以来，有6个项目，2013年，这一数字迅速攀升到53项，充分反映了大数据在科研领域受到的重视程度。随着云计算和大数据的发展，数据中心的规模越来越大，数据中心的建设和运行面临着许多新的问题，数据中心已经成为研究的热点。

国内企业也高度重视云计算、大数据，华为、中兴、阿里、腾讯等公司宣布了庞大的云计算计划。这些年来他们积累的数据将在大数据的时间里发挥很大的作用，揭示了数据分析和数据操作的作用，拥有用户数据的IT企业对传统行业产生了巨大的冲击，“数据为王”的时代即将到来。

## 第二节　从云计算到大数据

电子商务、社交媒体、移动互联网和物联网的兴起，极大改变了人们的生活和工作方式，给世界带来了巨大变化。同时，也产生了海量的数据，大数据的世界真的来了。自云计算时代以来，世界积累了海量数据，并带来了两个方面的巨大变化。一方面，所有的数据都是要保存的，过去没有数据的积累就没有应用时代的最终实现；另一方面，从数据稀缺时代到数据泛滥时代，数据的应用带来了新的挑战和问题，单纯通过搜索引擎获取数据已经无法满足用户不断变化和无尽的需求。从海量数据中高效地获取数据和对数据进行有效的处理是非常困难的。

互联网、移动互联网和物联网的发展，产生了越来越多的数据。此外，由于通过数字网络连接的人数、设备和传感器的增加，网络产生、传输、共享和访问数据的能力已经发生了根本变化。2010 年，超过 40 亿人使用手机，其中约 12% 的人拥有智能手机，年普及率超过 20%。今天，运输、汽车、工业、公用事业和零售部门分布着 3000 多万个联网传感器节点，其数量每年以 30% 以上的速度增长。

（1）世界各地每秒钟发送 290 万封电子邮件，如果你每分钟读一封电子邮件，你需要一个人持续阅读 5.5 年；

（2）世界领先的电子商务网站亚马逊每 1 秒就处理 72.9 个订单；

（3）每 1 分钟将超过 20 小时的视频上传到视频分享网站 YouTube；

（4）搜索引擎 Google 每天将处理超过 24 PB 的数据；

（5）每天在推特上生成 500 万亿条信息，假设每 10 秒就有这些信息，足以让一个人日夜浏览 16 年；

（6）每个月，互联网用户在 Facebook 上花费的时间超过 7000 亿分钟；

（7）目前移动互联网用户发送和接收的数据高达 1.3 EB。

信息社会已经进入大数据时代，在这些海量数据的指数增长中，非结构化数据占了 80% 以上。大数据时代将有更多的数据存储在数据中心，数据将成为新的核心资产，而云计算技术的出现为大数据提供了巨大的存储空间和数据处理与分析的途径。云计算可以把数据作为一种服务，通过对海量数据的分析和使用，挖掘适合特定场景和主题的有效数据集，大数据提供给人们更强大的预见未来的能力。

大数据技术正处于从技术萌芽期向预期扩张期的快速崛起状态，并将继续取得技术突破，有望在未来 2~5 年得到广泛应用。

# 第三节　大数据的定义和特点

2012 年 2 月,《纽约时报》( New York Times ) 的一篇专栏文章称，大数据时代已经到来，决策将越来越多地建立在数据和分析的基础上，而不是基于经验和直觉。这不是一个简单的数据增长问题，而是一个全新的问题，旨在从互联网时代的海量非结构化数据中获取知识和洞察力。

根据维基百科 ( Wikipedia ) 的说法，大数据 “指的是比普通软件工具在一段时间内收集、管理和处理数据的能力更大的数据集”。与传统数据相比，大数据的特点主要体现在三个方面：数据量大、数据类型丰富、数据源广。大数据不仅是海量的数据，而且是云计算的简单应用。它是从各种海量数据中快速提取有价值信息的能力。根据 IDC 的定义，大数据的特征可以表示为海量 ( Volume )、多样性 ( Variety )、速度 ( Velocity ) 和价值 ( Value ) 四个 “V”。

## 一、海量

数据生产成本的下降带来了大数据的产生，如无处不在的移动设备，无线传感器每分钟产生的数据，数亿互联网用户的服务不断产生大量的交互。此外，科研、视频监控、病历、商业运营数据、大规模电子商务等也是大数据的重要来源。2011 年，工业分析研究公司 IDC 发布了一份新的数字宇宙研究报告 ( 数字宇宙研究 ),“从混合纯度中提取价值”。报告显示，全球信息总量每两年翻一番。2011 年，全球创建和复制的数据总数为 1.8 ZB。预计到 2020 年全球数据量将达到 35 ZB，海量数据的存储是一个非常严峻的挑战。

## 二、多样性

多样性是指数据类型的复杂性，包括传统的结构化数据、非结构化数据和半结构化数据。与传统的结构化企业数据不同，大数据环境中存储在数据库中的结构化数据数量仅为 20%，而在 Internet 上存储的结构化数据量约为 20%。例如，用户创建的数据、社交网络中的人类交互数据和物联网中的物理感知数据都是非结构化和动态的，这些数据占总数据量的 80% 以上。

（1）结构化数据

例如，企业内部生成的数据，主要包括在线事务数据和在线分析数据，通常是结构化的静态历史数据，可以通过关系数据进行管理和访问。数据仓库是处理这些数据的常用方法。

（2）非结构化数据

包括办公室文档、文本、图片、XML、HTML、各种报告、图像和音频 / 视频信息的所有格式。

（3）半结构化数据

在结构化数据和非结构化数据之间，通常是自描述性的，数据结构和内容混合在一起。

## 三、速度

速度是指数据处理的实时性要求，支持交互式、准实时的数据分析。传统的数据仓库、商业智能等应用不需要很高的处理延迟，但在大数据时代，数据的价值随着时间的推移逐渐下降，所以尽快形成结果，否则这些结果可能会过时。

## 四、价值

企业中的数据主要包括联机事务数据和联机分析数据，这些数据主要通过关系数据库进行结构、管理和访问。这些数据具有很高的密度，但它们是历史数据和静态数据。通过分析这些数据，人们可以知道过去发生了什么，但很难说未来会发生什么。来自互联网的数据（社交网络、微博等）都是大量新鲜的数据，代表了每个特定网民的想法，反映了他们想要做的事情。这些数据的值密度很低，但与未来相关。这两种数据的有效融合是大数据量的特点。

# 第四节　大数据技术系统

随着云计算技术的出现和计算能力的不断提高，人们从数据中提取价值的能力也得到了明显提高。此外，由于通过网络连接的人数、设备和传感器的增加，产生传输、分析和共享数据的能力已经发生了根本变化，为当前数据管理和数据分析技术的快速发展和广泛应用带来了巨大挑战。为了从大数据中挖掘出更多的信息，我们需要应对容量、数据多样性、处理速度和价值挖掘等方面的挑战。云计算技术是大数据技术系统的基石。大数据与云计算的发展有着密切的关系。大数据技术是云计算技术的延伸和发展。大数据技术涵盖了从海量数据存储和处理到应用程序的广泛技术。它包括异构数据源融合、海量分布式文件系统、NoSQL数据库、并行计算框架、实时流数据处理、数据挖掘、商业智能和数据可视化。典型的大数据处理系统主要包括数据源、数据采集、数据存储、数据处理、分析与应用以及数据表示。

## 一、数据采集

在大数据时代，企业、互联网、移动互联网和物联网提供了大量的数据源，这不同于以往主要产生于企业内部的数据，增加了数据采集的难度。同时，为了对这些不同类型的数据进行预处理，需要对数据进行清理、过滤、提取、转换和加载，以及对不同数据源进行融合处理。

## 二、数据存储

大数据时代需要解决的第一个问题是数据的存储，除了传统的结构化数据外，大数据还面临着更多的非结构化数据和半结构化数据存储需求。非结构化数据主要由分布式文件系统或对象存储系统存储，如开放源码的 HDFS、Lustre、Gluster FS、CJoseph 等分布式文件系统可以扩展到 10 PB 级甚至 100 PB 级。半结构化数据主要存储在 NoSQL 数据库中，而结构化数据仍然可以存储在关系数据库中。

## 三、数据处理

数据仓库是企业处理传统结构化数据的主要手段。大数据的时间发生了三次变化:①从 TB 级到 PB 级的数据量不断增加，而且还在不断增加;②分析复杂性，从常规分析到深度分析，当前企业不仅满足了对现有数据的静态分析和监控，而且希望对未来的趋势进行更多的分析和预测，以提高企业的竞争力;③硬件平台，传统的数据库大多是基于小型计算机的硬件结构，在数据快速增长的情况下，成本会急剧增加，大数据时代的并行仓库更多的是构建通用的 x86 服务器。同时，传统的数据仓库在处理过程中需要大量的数据移动，这在大数据时代是过于昂贵的；其次，传统的数据仓库不能适应快速的变化，因为大数据时代在不断变化的商业环境中，其作用是有限的。

为了满足海量非结构化数据处理的需要，以 Map Reduce 模型为代表的开源 Hadoop 平台几乎成为非结构化数据处理的实际标准。目前，开放源码 Hadoop 及其生态系统越来越成熟，大大降低了数据处理的技术门槛。基于廉价的硬件服务器平台，可以大大降低海量数据处理的成本。

数据的价值随着时间的推移而降低，因此有必要对数据或事件进行及时处理，而传统的数据仓库或 Hadoop 工具也需要几分钟的时间来输出结果。为了满足实时数据处理的需要，业界出现了实时流数据分析和复杂事件处理。它主要用于实时搜索、实时交易系统、实时欺骗分析、实时监控、社交网络等。随着数据采集和分析的流程，只保存了少量的数据。通用系统包括 Yahoo！ S4、Twitter 风暴和各种商业公司的 CEP 产品。

## 四、数据挖掘

大数据时代的数据挖掘主要包括并行数据挖掘、搜索引擎技术、推荐引擎技术和社会网络分析。

### 1. 并行数据挖掘

挖掘过程由四个步骤组成：预处理、模式提取、验证和部署。对数据和业务目标有很好的理解是数据挖掘的前提。利用 Map Reduce 计算体系结构和 HDFS 存储系统，实现了算法的并行化和数据的分布式处理。

### 2. 搜索引擎技术

它可以帮助用户在海量的数据中快速定位他们所需要的信息。只有了解文档和用户的真实意图，做好内容匹配和重要性排序，才能提供优质的搜索服务。我们需要使用 Map Reduce 计算体系结构和 HDFS 存储系统来存储文档和生成倒排索引。

### 3. 推荐引擎技术

帮助用户自动获取海量信息中的个性化服务或内容是从搜索时代向发现时代

过渡的关键动因。冷启动、稀疏性和扩展性是推荐系统需要直接面对的永恒话题。推荐的效果不仅取决于模型和算法，还取决于非技术因素，如产品形式、服务模式等。

4. 社会网络分析

从对象之间的关系入手，分析新思想中存在的新问题，为挖掘交互数据提供方法和工具。

## 五、数据可视化

数据可视化的目的是通过图形来揭示模式与隐藏在数据背后的数据之间的关系。在大数据时代，如何从海量数据中找到有用信息，并以直观、清晰、有效的形式显示出来，已成为一个重大挑战，能够有效提高数据的使用效率。数据可视化技术包括以下几个基本概念：

（1）数据空间：由“维属性”和 m 个元素组成的多维信息空间。

（2）数据开发：指使用一定的算法和工具进行定量的数据推导和计算。

（3）数据分析：对多维数据进行切片、块和旋转分析，多角度、多侧面观测数据。

（4）数据可视化：以图形和图像的形式在大数据集中显示数据，并利用数据分析和开发工具查找未知信息的过程。

目前，人们提出了许多数据可视化的方法。根据其不同的可视化原理，这些方法可分为基于几何的技术、面向像素的技术、基于图标的技术和层次技术、基于图像的技术和分布式技术。

## 六、大数据隐私安全

大数据处理了大量的个人隐私信息。数据隐私的安全性比以往任何时候都更加重要。技术人员需要确保数据的合法合理使用，避免给用户带来麻烦。目前业界云安全联盟已经成立了大数据工作组，并将开展相关工作，寻找解决数据中心安全和隐私问题的方法。该工作小组有四个目标：第一，建立大数据安全和隐私保护的良好做法；第二，帮助业界和政府采用数据安全和隐私保护技术进行实践；第三，与标准组织建立联系，影响和推广大数据安全与隐私标准；第四，促进数据安全和隐私保护的创新技术和方法。工作组计划就六个主题提供研究和指导，包括数据规模加密、云基础设施、安全数据分析、框架和分类、策略和控制以及隐私。

在数据量不断增加的今天，大数据量被越来越多的人提及，成为云计算后提高生产效率的又一个技术前沿。展望未来，大数据在互联网、电信、企业、物联网等行业还有很大的发展空间。大数据问题将对企业的存储体系和数据中心的基础设施等提出挑战。它还将导致云计算、数据仓库、数据挖掘、商业智能等应用的连锁反应，重新定义现有的信息技术模式，带来新一轮的信息技术革命，建设新的商业领域。

# 第七章　大数据存储、处理和挖掘

## 第一节　大数据存储

大数据存储是大数据的关键技术，包括非结构化数据存储和半结构化数据存储。

### 一、非结构化数据

非结构化数据是指数据库的二维逻辑表不能表示的数据，包括各种格式的办公文档、电子邮件、文本、图片、XML、HTML，各种报表、图像和音视频信息等。非结构化数据具有异构性和多样性，具有多种格式，包括文本、文档、图形、视频等。根据2011年IDC的调查，非结构化数据将占未来十年产生的数据的80%。根据Gartner的数据，全球信息的最低年增长率为59%，其中15%为结构化数据，其余85%为各种非结构化数据。非结构化数据的增长率高于结构化数据。

非结构化数据的增长速度快于传统的存储和分析解决方案，因此需要具有成本效益的存储来管理大规模数据。大数据规模包括从TB级到PB级的数据集，要求高性能的系统能够实时或接近实时地处理大量数据。随着大规模并行处理等技术的发展，高可靠性、高可用性、高可扩展性、低成本、高性能的存储系统已成为大数据解决方案的关键技术。

#### （一）分布式文件系统

1. 摘要

随着大数据时代的到来，需要提供一个高性能、高可靠性、高可用性和低成本的存储系统来满足不同业务和数据分析的需要。分布式文件系统具有高可扩展性、高可靠性、高可用性和低成本等特点，是解决大数据问题的有力武器。

分布式文件系统是指文件系统管理的物理资源不是本地资源。应用最广泛的传统分布式文件系统是 NFS（Network File System），其目的是使计算机共享资源。在其发展过程中（即 20 世纪 80 年代），计算机工业的迅速发展、廉价的 CPU 和客户机 / 服务器技术促进了分布式计算环境的发展。但是，在处理器价格下降时，大型存储系统的价格仍然很高，因此必须采取一定的机制，使计算机能够在充分发挥单处理器性能的同时，共享存储资源和数据，所以 NFS 诞生了。

20 世纪 90 年代初，随着磁盘技术的发展，单位存储成本不断下降。Windows 的出现极大地促进了处理器的发展和微型计算机的普及。随着 Internet 的出现和普及，网络中实时多媒体数据传输的需求和应用越来越普遍。

随着大数据时代的到来，数据处理已迅速转移到并行技术，如集群计算和多核处理器等，以加快并行应用的发展和广泛应用。这种并行技术的应用解决了大多数计算瓶颈问题，将性能瓶颈转移到存储系统。随着主流计算转向并行技术，存储子系统也需要转移到并行技术。当从较少的客户端访问相对较小的数据集时，NFS 结构工作良好，直接连接内存带来了显著的好处（就像本地文件系统一样）。也就是说，多个客户端可以共享数据，任何具有 NFS 功能的客户端都可以访问数据。然而，如果大量客户端需要访问数据或数据集太大，NFS 服务器很快就会成为瓶颈，从而影响系统性能。

分布式文件系统的开发具有高可扩展性、高可靠性、高可用性和低成本的特点。与传统的分布式文件系统的区别如下：

（1）对于大规模集群系统，机器的故障是正常的。应该将分布式文件系统中任何组件的故障或错误视为正常，而不是异常。

（2）支持系统扩展，任何节点的意外停机不影响文件系统的正常工作。

（3）将文件操作分为控制信息路径和数据路径，提高了文件访问性能。

2. 技术架构

在传统的分布式文件系统中，所有的数据和元数据都通过服务器存储在一起，这种模式通常被称为带内模式。随着客户端数量的增加，服务器成为整个系统的瓶颈，因为系统中的所有数据传输和元数据处理都必须通过服务器，不仅单个服务器的处理能力受到限制，存储容量也受到磁盘容量的限制，而磁盘 I/O 和网络 I/O 限制了系统的吞吐量，出现了一种新的分布式文件系统存储区域网络，它将应用服务器与存储设备连接起来，大大提高了数据传输能力，减少了数据传输延迟。在这种结构中，所有应用服务器都可以直接访问存储在 SAN 中的数据，元数据服务器只能提供关于文件信息的元数据，从而减少了数据传输的中间环节。提高了传输效率，减少了元数据服务器的负载。每个元数据服务器都可以向更多的应用服务器提供文件系统元数据服务，这种模式通常被称为带外模式。区分带内模式和带外模式的主要依据是文件系统元数据操作的控制信息是否与文件数据一起通过服务器传输。前者需要服务器转发，后者可以直接访问。

目前，分布式文件系统主要有两种技术体系结构：一种是元数据服务器的中心体系结构，即元数据服务器负责管理文件系统的全局命名空间和文件系统的元数据信息；另一种是离中心架构，即所有服务器都是用户的接入点，每个服务器节点负责管理部分名称空间和元数据，用户可以通过任何服务器访问文件的内容。

3. 关键技术

（1）元数据集群

分布式文件系统采用控制流与数据流分离的方法。元数据服务器负责管理整个文件系统的所有元数据信息和数据存储服务器的集群信息等关键信息。因此，如果元数据服务器失败，整个文件系统将无法继续为用户服务。单节点元数据服务器的处理能力和存储容量是有限的。随着系统数据量的增加，元数据服务器的处理能力将成为制约系统规模的瓶颈。

常见的解决方案是元数据服务器使用主 / 备份模式，也就是说，在正常情况下，主元数据服务器负责处理所有请求和管理整个分布式文件系统。并定期将所有信息同步到备份元数据服务器。如果主服务器失败，备份服务器将接管主服务器，不需要中断用户服务，但可能会丢失一些尚未与备份服务器同步的数据。这种方法只能在一定程度上解决元数据服务器的单点故障问题，但不能解决系统规模问题。因此，具有较高可扩展性的元数据服务器集群已成为分布式文件系统设计中的关键技术。

使用主 / 备份模式的元数据集群体系结构。HDFS 和 GFS 目前的做法是使用辅助节点将主节点数据与主节点同步，用户请求由主节点处理。当主节点失败时，辅助节点将接管主节点的工作。

主备份模式的实现相对简单，但主备份模式的局限性问题没有得到有效解决。

元数据服务器基于主从（主从 / 从）体系结构，即服务器集群构成元数据服务节点，其中完整集群管理节点管理服务器节点中的整个命名空间和文件系统元数据的分区。

主从体系结构元数据服务器需要一个全局管理节点，负责全局名称空间分段和全局负载平衡。实现过程更加复杂，负载平衡过程可能需要大量的数据迁移。

在元数据空间约束的情况下，还有一个相对简单的解决方案，用户负责管理多个挂载点，每个挂载点仍然使用典型的主 / 备用模式元数据集群体系结构。使用这种模式在系统的实现和维护上都降低了成本，但是存在的多个名称空间而导致的孤立信息孤岛的情况，需要由用户来处理。

分散结构管理是一种自管理架构，它不需要全局管理节点来感知文件存储的位置，而是使用特定的方法来确定文件存储中节点的位置。每个服务器可以管理存储的文件数据和相关的文件系统元数据。一致散列算法通常用于保证存储服务器节点中数据的均匀分布。

（2）可靠性技术

可靠性是存储系统的一个重要指标。为了提高分布式文件系统的可靠性，采用了不同策略。有两种常见的方法：多个副本和 EC 编码。多副本模式易于理解，这意味着数据以多个相同的副本（如 GFS）存储在系统中，通过使用多个副本来确保可靠性。

目前，根据 Google 发布的文件，GFS 主要采用全拷贝备份的冗余模式。虽然存储介质的成本正在下降，但显然是对空间的巨大浪费，这是需要考虑的问题。

多拷贝的空间消耗非常大，存储空间的减少意味着拷贝数量的减少，对于 200% 的空间浪费来说，即使只减少到 150%，节省的能源也是非常可观的。Google 也看到了这一点，在下一代 GFS 中，RAID 和擦除代码将被用来确保文件的完整性。

采用 EC 擦除码技术的存储系统具有许多优点，如能够在相同冗余的情况下占用较小的存储空间。目前，典型的应用产品是 EMC Atmos。

Atmos 是 EMC 开发的云存储基础设施解决方案。Geo Protect 技术于 2010 年 2 月发布，使用擦除代码技术为 Atmos 提供类似 RAID 的数据保护功能。通过在 Atmos 云之间编码和分发目标，支持三次或六次故障（存储开销分别为 33% 和 66%）。擦除代码技术使 Atmos 能够降低提高数据存储可靠性的额外成本。Geo Protect 允许用户配置副本或擦除代码策略的选择，并调整副本的数量和擦除代码的冗余。

Hadoop 分布式文件系统（HDFS）是 GFS 的开源实现。它最初使用三个完整的副本备份。虽然它具有简单、高效的特点，但其 200% 的空间冗余导致了大量的空间浪费。一些小企业会很难接受。最近，HDFS 采用了一种新的磁盘还原方法，即用 RAID 技术代替完全复制来实现数据冗余。

Disk Reduce 的基本原理是在实现功能的基础上对 HDFS 进行最低程度的修改。它利用了 HDFS 的两个重要特性：一是写文件，不做修改；二是一个文件的数据块在开始时都是三个副本。在提交和备份文件时，不修改 HDFS 并在后台处理书面数据。不同之处在于，HDFS 守护进程一直在寻找拷贝不足的数据块。Disk Reduce 是一个数据块，它占用低开销数据块的高成本，例如用于空间压缩的 RAID 编码。在数据块编码完成之前，不删除冗余的完整副本。如果空间允许，Disk Reduce 可以推迟编码。

在将文件的三个副本放入三个不同的数据节点后，Disk Reduce 选择空间最大的节点作为编码数据存储节点，并从其他两个节点中删除数据。

（3）重复数据删除

重复数据删除是一种先进的无损压缩技术，主要用于减少存储系统中的数据量。在备份存档存储系统中，重复数据删除技术可以达到 20 ∶ 1 或更高的数据压缩比。数据存储大幅减少了对存储空间的需求，降低了存储设备的购买成本，也降低了物理存储资源的管理和维护成本。从 ESG 实验室的测试结果可以看出，采用重复数据删除技术可以基本实现 10~20 倍容量的压缩比。

总之，重复数据删除技术利用了文件系统中文件之间和文件内部的相同和相似之处，它们的粒度可以是文件、数据块、字节甚至是位。处理粒度越细，冗余数据删除越多，存储容量越大，计算开销越大。重复数据删除的主要功能如下：

1）有效节省了有限的储存空间。重复数据删除技术大大提高了存储系统空间利用率，节省了存储系统的硬件成本。

2）减少冗余数据在网络中的传输。在网络存储系统中，重复数据删除技术可以减少重复数据的网络传输，节省网络带宽。

3）在广域网环境下，消除冗余数据传输的好处更加明显，也有利于远程备份或灾难恢复。

4）帮助用户节省时间和成本。它主要体现在数据备份 / 恢复速度的提高和存储设备的节省上，具有很高的性价比。

（4）文件系统访问接口

数据访问是存储系统的重要组成部分，包括数据访问的接口定义和具体的实现技术。标准的访问接口可以屏蔽存储系统之间的异构性，使应用程序能够以统一的方式访问不同的存储系统，提高存储系统的适用性和兼容性，从而支持更多的应用。

便携式操作系统接口由 IEEE 发起，由 ANSI 和 ISO 标准化。其目标是提高各种 UNIX 执行环境之间应用程序的可移植性，即确保在重新编译后 P0SIX 兼容的应用程序能够在任何符合 POSIX 的执行环境中正确运行。

P0SIX 文件接口规范是 P0SIX 标准的一部分。它是一组简单实用的标准文件操作规范。它已经成为本地文件系统的行业标准，拥有大量的用户，并且具有良好的兼容性。另外，经过近 20 年的发展，POSIX 已经非常成熟，应用领域也非常广泛，有多种接口解决方案可供参考。

传统的应用程序可以在 Linux 或 Windows 等 POSIX 兼容的执行环境中运行，因此实现 POSIX 兼容的云存储数据访问方法可以保证传统应用程序能够透明地访问云存储资源。与 Internet 小型计算机系统接口相比，POSIX 只定义了文件操作的接口规范，而不关心文件的数据组织，使得云存储系统的数据管理更加灵活。

POSIX 实际上规范了执行环境和应用程序之间的接口，执行环境和应用程序可以无缝集成。在 Linux 执行环境中，虚拟文件系统是执行环境的一部分，符合 POSIX 接口规范。大大简化了云存储系统访问方法的设计和实现。

4. 产业地位

（1)GFS

GFS 是 Google 发布的一种分布式文件系统技术。它是根据 Google 应用的特点和要求设计的，但其应用范围有限。从 Google 应用的需求分析来看，它具有以下特点：

1）数据量巨大，文件往往很大。

2）文档的工作模式具有明显的特点，通常进行大容量的读取操作（大于 1MB）。

3）文件的写入方式具有明显的特点，通常是按顺序（大于 1MB）写大件。

4）对文件的大多数修改不包括原始数据，而是在文件末尾添加新数据。文件的随机写入几乎不存在，它们只被读取，通常是顺序的。

5）多个客户端经常同时向单个文件追加内容。

在全局视图条件下，使用单一的 Master 可以简化系统设计，制定出更好的块处理策略，但也存在一个瓶颈问题。因此，Master 只存储相当于元数据服务器的元数据，而特定的数据传输则由客户端和 Tracker 服务器完成。

主服务器管理文件系统的元数据，包括文件和块的命名空间、文件到块的映射以及块副本的位置。

文件和块的命名空间，即文件到块的映射，由 Master 永久保存。当主服务器检测到所述 Tracker 服务器信息时，所述块保存的复制信息由所述 Tracker 服务器携带，所保存的块信息由所述 Tracker 服务器携带。主服务器可以在启动后保持最新的信息，因为它控制所有块的位置，并使用正常的心跳信息监视 Tracker 服务器的状态。在启动时定期获取块信息和刷新可以有效地解决主服务器和 Tracker 服务器之间的同步问题。

通过 B 树压缩存储，元数据可以保存在内存中，从而降低集群管理的复杂性，降低主服务器和集群服务器的维护复杂度。

（2）HDFS

Hadoop 分布式文件系统（HDFS）是一种适合在商用硬件上运行的分布式文件系统。它与现有的分布式文件系统有很多共同之处，但它们之间的区别也很明显。HDFS 是一种高度容错的系统，适合在廉价的机器上部署。HDFS 提供了高吞吐量的数据访问，非常适合大型数据集上的应用程序。HDFS 放宽了 POSIX 的一些限制，实现了对文件系统数据的流读取。它最初是作为 Apache Nutch 搜索引擎项目的基础设施开发的，是 Apache Hadoop Core 项目的一部分。

HDFS 基本上可以看作是 GFS 实现的一个简化版本，两者之间有许多相似之处。HDFS 采用主从结构，HDFS 集群由一个命名节点（Name Node）和一定数量的数据节点（Data Node）组成。Name 节点是一个中央服务器，负责管理文件系统的命名空间（命名空间）和客户端对文件的访问。通常，集群中的每个节点都有一个数据节点，该数据节点管理其所在节点上的存储。HDFS 的用户可以以文件形式存储数据。在内部，可以将文件划分为存储在一组数据节点上的一个或多个数据块。Name 节点在文件系统上执行名称空间操作，例如打开、关闭、重命名文件或目录，它还负责确定数据块到特定数据节点的映射。数据节点负责处理文件系统客户端的读写请求，在名称节点的统一调度下创建、删除和复制数据块。

HDFS 可以支持大型文件操作，例如需要处理大型数据集的应用程序。这些应用程序只写一次数据，但是可以读取一次或多次，读取的速度应该是流式读取。

根据需要，HDFS 支持文件的“写多读”语义。典型的数据块大小为 64 MB，因此 HDFS 中的文件总是根据 64 MB 被切割成不同的块，每个块尽可能多地存储在不同的数据节点中。

HDFS 文件只允许打开和追加数据一次。客户端将所有数据写入本地临时文件。当数据量达到块大小（通常为 64 MB）时，请求 HDFS Master 分配工作站和块号。立即将块的数据写入 HDFS 文件。由于实际编写 HDFS 系统需要积累 64 MB 的数据，对 HDFS 主程序的压力并不大，因此不需要类似于 GFS 的机制来授权写入机器，而且不存在重复记录和无序的问题，极大地简化了系统设计。

HDFS 有很多问题，因为它存储效率低，HDFS 客户端需要积累 64 MB 的数据才能立即写入 HDFS，如果它崩溃了，一些操作日志可能会丢失数据。

名称节点是 HDFS 集群中的单个故障点，如果名称节点机器失败，则需要手动干预。目前，在另一台计算机上自动重新启动或执行名称节点故障转移的功能尚未实现。

1）删除和恢复文件。

当用户或应用程序删除文件时，不会立即从 HDFS 中删除该文件。实际上，HDFS 将文件重命名移至 / 杂质目录，该文件保存在 /False 中进行可配置的时间，当超过此时间时，Name 节点将文件从命名空间中移除。

只要已删除的文件仍然在 / 回收站目录中，用户就可以恢复该文件。如果用户希望恢复已删除的文件，可以浏览 / 回收站目录来检索该文件，而回收站目录仅保存已删除文件的最后一份副本。垃圾目录与其他目录没有什么不同，当前的默认策略是删除 / 回收站目录中停留超过 6 小时的文件，这些文件以后可以通过一个定义良好的接口进行配置。

2）减少复制系数。

当文件的复制系数减小时，名称节点选择要删除的多余副本。下一次检测将此信息传递给数据节点，数据节点将删除相应的数据块，使集群中的空闲空间增加。同样，对 set Replication API 端的调用和集群中空闲空间的增加也可能延迟。

3）流水线复制。

当客户端将数据写入 HDFS 文件时，最初会将其写入本地临时文件。假设文件的复制系数设置为 3，当本地临时文件累加到数据块的大小时，客户端将从名称节点获取数据节点列表以存储副本；然后，客户端开始向第一数据节点发送数据，第一数据节点逐渐（4KB）接收数据，将每个部分写入本地仓库，并将该部分传输到列表中的第二个数据节点。第二数据节点逐渐接收数据，将数据写入本地仓库，同时传递给第三数据节点。最后，第三个数据节点接收数据并在本地存储。因此，数据节点可以流水式地接收来自前一个节点的数据并将其转发到下一个节点，并且以流水式将数据从前一个数据节点复制到下一个数据节点。

4）快照函数。

HDFS 目前不支持快照功能，但计划在以后的版本中支持它。

### （二）对象存储系统

1. 摘要

大数据时代给存储系统的容量、性能和功能带来了巨大挑战，主要表现在大容量、高性能、可伸缩性、共享性、适应性、可管理性、高可靠性和可用性等方面。市场上没有满足所有这些要求的办法。基于对象的存储技术是快速升级存储需求的一种很有前途的解决方案。它集合了高速、直接访问 SAN 和安全、跨平台的 NAS 共享数据的优点。

传统的文件系统架构将数据组织成目录、文件夹、子文件夹和文件的“树结构”。文件是与应用程序关联的数据块的逻辑表示形式，也是处理数据的最常见的方式。传统文件系统存储在一个文件夹中的文件数量在理论上是有限的，只能处理简单的元数据，这将给处理大量类似的文件带来问题。

随着存储复杂度的进一步提高，下一代 Internet 和 PB 级存储的大规模部署迫切期待面向对象存储技术的成熟和大规模应用。基于对象的存储技术提供了一种新的设备访问接口，在性能、跨平台能力、可扩展性、安全性等方面，SAN 的块接口与 NAS 的文件接口有很好的折中，成为下一代存储接口标准之一。

在众多集群计算用户中，一种基于对象的存储技术正在悄然兴起，成为构建大规模存储系统的基础。利用现有的处理技术、网络技术和存储组件，以一种简单方便的方式实现前所未有的可扩展性和高吞吐量。

2. 技术架构

对象存储系统以对象作为最基本的逻辑访问单元。每个对象由唯一的对象访问，形成一个平面命名空间。典型的对象存储体系结构采用哈希算法来管理基于全局唯一 OID 的对象存储，具有全局负载均衡和快速定位对象存储节点的优点。

3. 产业地位

（1）Amazon S3

Amazon S3 是一个简单的存储服务，为用户提供对象操作语义。用户使用 S3 存储和读取对象操作。Amazon 有一个简单的 Web 服务接口，可以随时随地访问网络上的数据。Amazon 使用高度可伸缩、可靠、快速和廉价的数据存储基础设施来运行自己的全球网站网络，允许任何开发人员访问相同的数据存储基础设施。服务通过最大限度地扩大规模并向开发人员提供利益而受益。

Amazon S3 设计的典型特性如下：

1）可扩展性。Amazon S3 可以在存储容量、请求频率和用户数量方面进行扩展，以支持无限数量的 Internet 应用程序。规模是 S3 的一个优势，向系统中添加节点将提高系统的可用性、速度、吞吐量和容量。

2）可靠性。实现了数据的持久化存储，可用性为 99.99%。没有单一的失败点。所有系统故障都可以在不停机的情况下被修复。

3）速度快。Amazon S3 的响应必须足够快，以支持高效的应用程序。相对于 Internet 的延迟，服务器端的延迟不是很大。

4）价格低廉。Amazon S3 使用廉价、通用的硬件结构。节点故障是常见的，但它们并不影响整个系统的操作。

5）简单。构建一个高度可伸缩、可靠、快速和廉价的存储，而 Amazon 构建了一个系统，使应用程序在任何地方都很容易使用。

（2）Open Stack SWIFT

Open Stack SWIFT 是一个具有高可用性、分布式和最终一致性的对象 / 二进制大型对象存储仓库。它也是一个具有内置冗余和故障转移功能的无限可伸缩存储系统。对象内存提供了大量的应用程序，例如数据、服务图像或视频的备份或存档（来自用户浏览器的流式数据）、二次或三级静态数据的存储、开发新的数据存储应用程序、在预测存储容量困难时存储数据、为基于云的 Web 应用程序创造灵活性。

SWIFT 用于 PB 级别存储可用数据，支持 REST 接口，并提供类似于 S3 的云存储服务。它不是文件系统，也不是实时数据存储系统，而是为永久静态数据设计的长期存储系统，可以检索、使用和更新。SWIFT 没有主节点作为主控制器，这反过来提供了更大的扩展性、冗余性和持久性。

## 二、（半）结构化数据

### （一）No SQL 数据库系统

1. 摘要

随着 InternetWeb 2.0 网站的兴起，非关系数据库已经成为一个非常流行的新领域，相关产品也得到了迅速发展。传统的关系数据库已经不能适应 Web 2.0 网站，尤其是规模大、并发性高的 Web 2.0 动态网站。它暴露了许多无法克服的问题，包括以下要求：

（1）数据库的高并发读写要求。Web 2.0 网站不能利用静态动态页面技术生成动态页面并根据用户个性化信息提供动态信息，因此数据库并发负载非常高，往往达到每秒数万次请求。关系数据库几乎无法处理数以万计的 SQL 查询，但对于数以万计的 SQL 写入数据请求，硬盘 I/O 再也负担不起了。事实上，对于普通的 BBS 站点来说，也需要高并发的读写请求。

（2）对海量数据高效存储和访问的需求。大型 SNS 网站每天都会有大量用户动态。以 Foreign Friend feed 为例，一个月内有 2.5 亿用户动态。对于关系数据库，SQL 查询是在 2.5 亿条记录的表中执行的。效率极低，甚至无法容忍。对于大型 Web 用户登录系统，如腾讯、盛大等数亿账户，关系数据库也很难处理。

（3）对数据库的高可扩展性和高可用性的要求。在基于 Web 的体系结构中，数据库是最难水平扩展的，当用户和访问应用程序系统的数量增加时，数据库通过添加更多的硬件和服务器节点来扩展性能和加载不同的网络服务器和应用服务器。对于许多需要不间断服务的网站，升级和扩展数据库系统可能很麻烦，通常需要停机维护和数据迁移。为什么不能通过不断添加服务器节点来扩展数据库?

在前面提到的“三高”要求面前，关系数据库遇到了不可逾越的障碍，而对于 Web 2.0 网站来说，关系数据库的许多主要功能往往没有机会发挥自己的才能。

（1）数据库事务处理的一致性。许多 Web 实时系统不需要严格的数据库事务，对读取一致性的要求很低，在某些情况下对写入一致性的要求也不高。因此，在数据库负载较高的情况下，数据库事务管理成为一个沉重的负担。

（2）数据库的实时写入和读取。对于关系数据库，查询后立即插入一段数据，当然可以读取数据，但对于许多 Web 应用程序，它不需要如此高的实时性。

（3）复杂的 SQL 查询，特别是多表关联查询。任何一个数据量大的 Web 系统都是很多大型表关联查询的禁忌，而复杂的 SQL 报表查询是复杂数据分析类型，特别是 SNS 类型网站的禁忌，因此从需求和产品设计的角度出发，避免了这种情况。通常情况下，单个表的主键查询和单个表的简单条件分页查询大大削弱了 SQL 的功能。

关系数据库已不再适用于这些越来越多的应用场景，所以解决这类问题的非关系数据库应运而生。

No SQL 是非关系数据存储的广义定义，打破了关系数据库和 ACID 理论长期统一的局面。No SQL 数据存储不需要固定的表结构，通常不存在连接操作。大数据在访问大数据方面具有关系数据库无法比拟的性能优势。

2. 关键技术

（1）数据模型和操作模型

在存储数据模型上，No SQL 放弃了关系模型，遵循“无模式”原则。现有的 No SQL 数据模型分为四类：键值（键值对）、面向列（列类型）、面向文档（文档类型）、面向图（图类型）。在复杂性方面，键值对>列>文档类型>图，而缩放则相反。这四个数据模型基本上满足90%的应用场景。对于采用哪种数据模型，应根据应用场景的不同特点进行选择。

（2）区分

由于单机存储容量的限制和单机过载，分区将数据分配到不同的节点上，使得数据能够分布在各个节点上，提高了数据的承载能力。

通常，并发请求随着数据量的增加而增加。当数据库I/O性能不足时，有两种解决方案：第一种是通过增加内存、增加硬盘等方法来提高单台计算机的硬件处理能力，这种方式叫作扩大规模；第二种方法是通过增加节点的存储容量来分担负载。扩展模式明显受到硬件条件的限制，不可能不加限制地增加硬件来提高性能。理论上，扩展方法可以达到线性扩展的效果，即如果机器加倍，那么承载能力就应该加倍。划分技术是扩展技术的实现，要解决的问题是如何将数据分布在不同的节点上，以及如何在每个节点上均匀地分配数据的读写请求。

许多No SQL也是基于数据的键，并且键的某些属性决定键值存储在哪台机器上。No SQL中使用的划分方法一般有两种：一种是随机分区，即数据在每个节点上随机分布，最常用的是一致散列算法；另一种是连续范围划分方法，该方法将数据按键的顺序分布在每个节点上。描述了以下两种划分方法：一致性散列算法和范围划分方法。

1）一致散列算法。

一个好的哈希算法可以保持数据的均匀分布。一致性哈希算法通过对简单哈希算法的改进，解决了网络中的热点问题。它是主流的分布式散列算法之一。

2）连续范围划分法。

若要使用连续范围分区方法对数据进行分区，需要保存一个映射表，该表指示哪些键值对应于哪台机器。类似于一致的哈希算法，相邻范围划分方法将键值分割为连续范围，指定每个数据段存储在一个节点上，然后冗余备份到其他节点。与一致性哈希算法不同的是，连续范围划分使得两个相邻的数据存储在同一数据段中，因此数据路由表只需记录某一段数据的起始点和结束点。

通过动态调整数据段与机器节点之间的映射关系，可以更准确地平衡各节点的机器负载。如果一个区段有较大的数据负载，负载控制器可以通过缩短它负责的数据段直接减少它所负责的数据段的数量。通过添加监视和路由模块，可以更好地负载平衡数据节点。连续范围划分优于哈希分区，而且由于数据路由表中的路由信息是连续排序的，因此更容易实现范围查询。

3. 产业地位

（1）Key-Value 数据模型

Key-Value 数据库使用数据模型的简单键值键到值对（如“name”“ZTE”）。该模型有两种类型：一种是在大型网站中使用缓存，以减轻后台数据库的压力，提高查询速度，如 memcached、Redis、TC/TT 等，达到较高的读写性能；另一种是针对高读写环境，如 Dynamo、Riak、Voldemort 等，它们在理论上都是 AP，为了达到高可用性和可扩展性，牺牲了一致性。

键值数据模型的优点是模型简单，读写速度快，缺点是存储的数据缺乏结构，只能存储简单的键值对。然而，如 Redis、TC/TT 等也支持其他数据类型，如 List、Set、Hash 等来实现一些复杂的数据存储，因此得到了广泛应用。

## （二）分析数据库系统

1. 摘要

数据为王是大数据时代的特征，如何有效地从数据中挖掘价值是一个亟待解决的问题。挖掘数据的价值在于对数据进行分析。数据仓库技术是数据分析和管理的一种手段。因此，在大数据时代，数据仓库提供了前所未有的机遇。主要的 IT 制造商，如 IBM、Oracle、SAP、EMC、Teradata 等，都在大数据领域竞争，例如 Oracle 收购 Sun、IBM 收购 Netezza。

显然，大数据量使得数据仓库在数据管理系统中的地位显得尤为重要。同时，许多数据仓库产品采用关系数据库作为存储和管理的重要核心组件，面临着许多挑战。如系统在海量数据下的可扩展性、非结构化数据的处理以及对分析的实时响应等。

2. 关键技术

数据仓库系统通常由源数据层、数据采集层、数据存储层、数据应用层、元数据管理层等组成。

（1）数据采集层可以提取、转换和加载多个业务系统的数据。这些处理步骤也称为ETL过程。

（2）数据存储层负责数据的存储和管理。由于数据仓库系统对业务系统收集的大量历史数据进行管理，并在数据平台的基础上建立起大量的应用程序功能，如查询、报表、多维分析等。这就要求数据存储层不仅能够有效存储和管理大量的业务数据，而且能够提供高效的查询访问效率。

（3）数据应用层是数据仓库系统的窗口，它将系统存储的大量数据有效、清晰、灵活地呈现给业务用户。借助数据应用层提供的分析和显示功能，可以帮助业务人员高效、方便地进行数据的统计和分析。数据应用层几乎也是业务人员与数据仓库的唯一接触点。

（4）元数据的功能是管理和存储数据的定义和描述。元数据可分为两类：一类是业务元数据，它从业务角度描述数据仓库中的数据，为用户和实际系统提供语义层，使不懂计算机技术的业务人员能够在数据仓库中“读取”数据。另一类是技术元数据，它存储有关数据仓库系统技术细节的数据，并用于开发和管理数据仓库中使用的数据。业务用户和技术用户可以借助元数据管理提供的功能和应用程序，更有效地理解和使用数据仓库数据。

3. 产业地位

（1）Teradata

Teradata是全球领先的企业级数据仓库解决方案提供商，Gartner的数据仓库魔术象限报告显示Teradata处于领先地位。

整个系统由三部分组成。

1）处理节点（节点）。每个节点是一个具有对称多处理器体系结构的单机，多个节点共同构成一个庞大的并行处理器系统。节点间的高速互联是通过BYNET硬件实现的。每个节点由解析引擎、访问模块处理器等组成。

PE主要用于客户端系统之间的通信和交互（通常是使用Teradata Database的应用程序的SQL请求）和访问模块处理器之间的交互。其主要功能包括任务控制。解析、优化、生成和分发查询步骤，并行化预处理和返回查询结果。通常只有一两个PE在节点上工作。

AMP主要用于处理所有与数据相关的文件系统操作，它是没有共享体系结构的Teradata数据库的核心表示形式。通常，多个AMP在一个节点上工作，每个节点负责文件系统上不同的固定数据访问操作。

2）内部高速互联网 BYNET，用于节点间通信。BYNET 是硬件和一些软件进程的组合，它们处理在这组硬件上运行的通信任务，用于节点间的双向广播、复用和点对点通信。同时，BYNET 还在 SQL 查询过程中实现合并功能（每个节点或 AMP，平均分配表中的部分数据，在并行查询各节点时，将结果归纳为一定节点对查询的反馈，提高查询速度）。

3）数据存储介质（通常是磁盘阵列）。

Teradata 的关键技术如下：

①数据分布。

Teradata 实现了一种自动数据分配机制，通过对数据键的散列计算，将数据记录均匀地分配给每个 AMP，解决了传统数据库中的“数据重组”问题。

②多维并行技术。

在语句具体执行中，Teradata 实现了多维并行技术，大大提高了执行效率。Teradata 实现的并行维度包括查询并行（多个虚拟进程并行）、步骤内并行（每个虚拟进程中的多个进程）和多步并行（SQL 语句的并行任务分解）。

③嵌入式数据分析。

Teradata 中嵌入了各种分析函数，这些工具如下所示：a. 提供了各种 OLAP 函数，累积和函数（CSUM）、移动平均函数（MAVG）、移动和函数（MSUM）、移动差分函数（MDIFF）、采样函数（样本）、有限函数（Quality）等。b. 用户可以自定义 UDF 函数。c. 外部厂商的产品功能，如 SAS、微策略、BI、丝绸之路、SAP 等。

4）数据保护机制。

Teradata 通过拆分（集群）、回滚（回退）和锁定保护来实现数据保护。

①连接共享磁盘阵列的两个或多个数据库节点，具有以下特点：一个碎片包含 2~8 个节点，其数量在减少，备用节点逐渐成为标准配置，如果一个节点停机，该节点上的 AMP 将迁移到其他节点，系统仍能运行;但是，切分也存在一些缺点，即数据库在迁移过程中会被重新启动，性能会受到破坏。

②回滚到同一集群（集群）中的其他 AMP，以保存相同的记录以包含数据。它具有以下特点：如果 AMP 失败并且 AMP 上的数据仍然可用，用户可以继续

使用回滚表而不会丢失任何数据；但是，回滚模式有额外的开销，包括 2 次磁盘空间、2 次插入和 2 次更新。

③ Teradata 还可以通过锁定机制保护数据，防止多个用户同时修改同一数据，从而影响数据的完整性。Teradata 的锁机制可以工作在数据库、表和记录上，在请求操作时自动加载，在请求完成后自动释放，用户可以根据需要更改锁的类型。

（2）Oracle Exdata

Oracle Exdata 是一种数据库集成机器，它支持 OLTP 和 OLAP 的混合工作负载。它包括一整套数据库软件、服务器、存储设备、网络设备等。该设计具有高度的可扩展性、安全性和冗余性。

Oracle Exdata 最初是由 Oracle 与 HP 合作推出的，Oracle 负责数据库、操作系统和存储软件设计，惠普负责硬件设计。甲骨文收购 Sun 后，整合了 Sun 硬件和数据库软件的优势，放弃了与惠普的合作，推出了三大系列的 Oracle ExadataV2。

（3）IBM Netezza

Netezza 是一台为数据仓库设计的一体机，成立于 2001 年，2010 年被 IBM 收购。它包括三种主要产品：1Netezza 100，这是一台只为企业用户体验或试用而生产的一台机器中最简单的配置之一。没有高可用性的特点，当然最大的卖点是低价。2Netezza 1000 是 Netezza 的主要产品，用于数据仓库和数据分析。在 IBM 收购 Netezza 之前，该模型被命名为 Netezza Twin Fin。3Netezza HCA 和 Netezza 1000 在技术架构上没有太大的差别。该产品的卖点是用于数据归档、分析和灾难恢复的大容量（高达 10 PB）。

Netezza 集成计算机主要包括四个关键部件：SMP 主机、S- 叶片、磁盘存储柜和网络结构。

1）SMP 主机。由两台一样性能的 Linux 服务器组成，一台是活动的，另一台是备机。BI 应用程序的请求会通过活动的 SMP 主机提交。SMP 主机编译并且生成最优的可执行代码，并分发给 S- 叶片执行。最后收集并汇总 SBlades 返回的结果给用户。

2）S- 叶片。S- 叶片是 Netezza 的智能的处理节点，也是 Netezza 魔法发生的地方。每个 S- 叶片都是一台独立的服务器，包含了一台标准的刀片服务器和一块 Netezza 特有的数据库加速卡。刀片服务器和数据库加速卡通过 IBM 的 Sidercar 技术整合后，它们在逻辑上和物理上都成为一个整体。Netezza 1000 的每个 S- 叶片节点包括 2 个四核的 CPU、4 个双核的 FPGA 引擎以及 16 GB 的内存。

3）磁盘储存柜。所述磁盘存储柜包含高密度、高性能磁盘。每个磁盘包含一个表的一块数据，而磁盘上的一个表的所有数据块组合成一个完整的表数据。每个磁盘还包含另一个磁盘上的数据映像，磁盘阵列柜通过高速的通道（3 Gbit/SAS）和 S- 叶片连接在一起。

4）网络结构。Netezza 集成计算机的组件通过高速网络连接。可以分成两种网络：一种是 IP 网络；另一种是 SAS 存储网络，DIP 网络服务于 SMP 主机和 S- 叶片节点之间以及不同 S- 叶片节点之间的数据通信。IP 网络协议经过深入定制，针对 Netezza 的应用环境进行了专门优化，可以同时支持数千个节点之间的大量数据传输。

在 Netezza 集成计算机的所有部分都有冗余备份。例如，SMP 包含两个 SMP 主机以形成主 - 备用关系，而磁盘则包含镜像数据备份。每个刀片服务器基地包含 6 个 S- 叶片，它可以透明地将失效的 S- 叶片切换到正常的 S- 叶片，而不需要一个单一的故障点，从而确保了整体的高可用性。

关键技术如下。

FPGA 数据流处理。Netezza 具备高性能的一个重要因素是引入了数据库加速卡和数据流处理概念。这些都包含在 S- 叶片里面，它们极大地增强了一体机数据处理能力。

1 个 S- 叶片包括 1 个刀片服务器（8 个 CPU 核）和 1 块数据加速卡（8 个 FPGA 核）。正常情况下，在 Netezza 1000 一体机中 1 个 S- 叶片管理 8 个数据片。1 个 CPU 核、1 个 FPGA 核和 1 个数据片组成了一个逻辑的处理单元，称为小处理机。每个小处理机都独立负责一个数据片的处理，当运行查询时，1 个 S- 叶片中就有 8 个这样的逻辑处理单元并行处理 8 个数据片。

分区。Netezza 是一个分区的数据库，一个表的数据分布在所有的数据片上。一条记录存储在哪个数据片上是由分区键决定的。有两种方式制定分区键：一种是在定义表的时候可以指定一个或多个列作为表的分区键，另一种是用随机的方式（round-robin）将记录分区。

行存储 Netezza 处理系统使用行存储，而不是像其他数据仓库产品那样使用列存储。列存储提供了两个好处：一个是用于数据压缩，另一个是在只需要提取表的几个列时大大减少 I/O 开销。然而，列存储的最大问题是它不利于表之间的连接。对于 Netezza 来说，这两点（AMPP 架构和 FPGA 数据流处理）可以显著降低 I/O 开销，因此 Netezza 使用行压缩来保持高性能的表间连接。同时，利用体系结构和硬件的优点，提高了 I/O 处理性能。

压缩。数据仓库中的性能瓶颈经常出现在磁盘上。数据压缩存储的优点是可以降低磁盘的 I/O 压力。FPGA 引擎负责将数据解压为可读内容。Netezza 压缩对用户是完全透明的，并且支持所有数据类型，无须任何调优和管理。压缩算法将记录按列划分为不同的数据流，分别对每一列流进行压缩，但在存储时保持行结构。该压缩算法保证了 4~32 倍的压缩比，大大减轻了磁盘 I/O 上的压力。

贴图区。Zone Maps 是 Netezza 的一种独特技术，它让您知道在从磁盘读取数据之前，数据块是否包含在查询中的数据，如果不是，则直接跳过该数据块。这种方法大大减少了磁盘的 I/O 开销，大大提高了查询的性能。传统的数据仓库需要先读出数据块，然后判断是否需要数据。区域映射保存每个表的每个数据块上每个列的最大值和最小值。默认情况下，整数、日期和时间类型的列生成区域地图统计信息。查询时，系统首先检查区域地图，以确定数据库是否符合标准，是否需要根据区域地图上数据库的范围读取数据库。由此，可以避免大量不合格的数据库通过区域图读取，从而提高查询性能。

（4）Sybase IQ

Sybase IQ 是一个用于高级分析、数据仓库应用程序和商业智能环境的分析关系数据库管理系统。它可以处理大量结构化和非结构化数据。Sybase IQ 采用灵活的 PlexQ MPP 结构、全列存储和高效的数据压缩、专利索引技术和先进的查询优化程序，并支持全文检索、数据库分析、Hadoop 和 R 语言的集成。结合第三方 BI 工具和数据挖掘工具，Sybase IQ 构成了一个强大而完整的大数据分析平台。

基于成熟的 PlexQ 技术的 Sybase IQ 是用三层架构构建。

1）基本层：数据库管理系统。这是一个完全共享的 MPP 分析 DBMS 引擎，是 Sybase IQ 最大的独特优势。

2）第二层：分析应用服务层。它在 C# 和 Java 数据库中提供 API，并支持与外部数据源的集成和联合，包括与 Hadoop 的四种集成方法。

3）顶层：Sybase IQ 生态系统。它由四个强大而多样的合作伙伴和经认证的 ISV（独立软件供应商）应用程序组成。

Sybase 于 2010 年推出的 Sybase IQ 15.3 使用了一种完全共享的 PlexQ 技术，重新定义了企业范围的业务信息。可以很容易地支持各种复杂的分析风格，包括大量数据集、大量并发用户和独特的工作流，这无形中带来了不少好处。与其他 MPP 解决方案不同，Sybase IQ 的 PlexQ 网格技术可以动态管理、可扩展，并专门用于不同组和进程的一系列计算和存储资源。这使得以更低的成本支持不断增长的数据量和快速增长的用户社区变得更加容易。

关键技术如下：

列存储和数据压缩。一方面，数据以列的形式存储在 Sybase IQ 中，因此整个数据库都会自动进行索引，而不需要为每个列创建不必要的索引。在传统数据库中，为提高查询性能而建立的索引所占用的磁盘空间往往是数据本身所需的 3~10 倍。Sybase IQ 存储数据占用的磁盘空间通常仅为原始数据文件的 40/60，是传统数据库占用空间的一小部分。另一方面，Sybase IQ 按列存储比在传统关系数据库中具有更高的压缩效率，因为同一列中的所有数据字段都具有相同的数据类型，从而大大降低了存储成本。此外，使用列存储可以大大提高数据查询和分析的速度。Sybase IQ 列存储易于压缩，大大提高了数据吞吐量，从而减少了查询响应时间。

并行化。Sybase IQ 在处理查询时支持两种类型的并行化。①操作符间并行化：查询树中多个查询节点的并行执行。采用流水式并行和 Bushy 并行两种不同的并行模型，实现了算子间并行化。对于流水式并行化，子节点生成第一行后，父节点开始生成更多行。对于 Bushy 并行化，两个查询节点彼此独立执行，而无须等待对方的数据。②运算符并行化：查询节点内多个线程的并行执行。运算符内并行化是通过将输入行划分为子集并将数据子集分配给不同的线程来实现的。Sybase IQ 大量使用运算符和内操作符并行来优化查询性能。

# 第二节　大数据的处理

## 一、概述

随着互联网、移动互联网和物联网的发展，大数据技术逐渐成为一种新的发展趋势，为人们了解世界和新的决策方法打开了一扇大门。数据不仅变得更加可用，而且越来越容易被计算机理解。大数据趋势中添加的大部分数据是在自然环境中生成的，比如在线语音、图片和视频，以及传感器的数据。

2008 年，加州大学圣迭戈全球信息产业研究所发布了一份题为“信息量”的报告：2008 年美国人消耗了 1.3 万亿小时的信息，平均每天 12 小时的信息。美国人每天总共消费 10 845 万亿条 3.6 ZB 信息，相当于 34 GB 信息和 100 500 字。2011 年，一家名为“从混沌中提取价值”的分析研究公司 IDC 发表的一项研究表明，全球信息每两年增加一倍，而且大部分数据都是非结构化的。2011 年全球创建和复制的数据总数为 1.8 ZB，比 2010 年同期增加了 1 ZB 以上。

2012 年，《纽约时报》表示，“大数据时代”已经到来，决策将越来越多地建立在数据和分析的基础上，而不是凭经验和直觉。这不是一个简单的数据增长问题，而是一个全新的问题。大量的新数据也在加速计算的进步，这是大数据时代的良性循环。计算机工具的设计以获取知识和洞察力为目的，非结构化数据在互联网时代正在迅速发展。最先进的技术是人工智能，如自然语言处理、模式识别和机器学习。

为了解决这些问题，人们首先使用消息传递接口和其他编程组件直接实现算法。然而，随着应用的增多，该模型无法跟上应用的增长速度，如数据的增长要求系统可以动态扩展，可以容错，可以快速开发应用等。这就需要更高级别的“服务”，它可以快速开发应用程序并屏蔽诸如系统可伸缩性和容错等问题。

因此，分布式计算被提出为“计算服务”，即分布式计算框架。它封装了分布式计算的一些技术细节（如数据分布、任务并行、任务调度、负载平衡、任务容错、系统容错等）。这样用户就不需要考虑这些细节了，只需考虑任务之间的逻辑关系。这不仅可以提高研发效率，而且可以降低系统维护成本。

Google 是互联网上第一家处理大数据的公司。它在搜索中有数百个应用程序，如爬虫文档、Web 日志、倒排索引等，计算简单，模式一致。但是，每个应用程序都必须处理分布式并行性、容错性、数据分布、负载均衡等细节问题。它不仅开发效率低，而且维护成本高。

从服务能力和服务效果的角度看，Map Reduce 框架可以解决大部分大数据问题，但在解决一些大数据问题时效率很低。因此，Google 在 2010 年引入了 Pregel 计算框架，以取代 Google 内部的 Map Reduce 应用程序。例如网页页面排名的计算、图的遍历和最短路径的计算。

为了对抗 Google 的技术，微软在 2009 年推出了 Dryad 计算框架，为其云平台提供计算服务。Dryad 是一个通用的分布式计算框架，它适用于广泛的计算。

虽然业界可能有自己的计算框架，但从适用计算的角度来看，分布式计算框架可分为三类：简单计算的映射或聚合类操作，以 Map Reduce 计算框架为代表；适合迭代计算的是 Pregel 表示；对于复杂计算，则由 Dryad 表示。其中，Microsoft 的 Dryad 适用于广泛的场景，根据 Dryad 的论文，它适用于有向无环图的计算。

对于简单的计算和迭代计算，只需考虑如何将大数据分解成小数据，并进行分布式并行计算，即数据并行；而对于复杂计算，我们仍然需要考虑计算之间的并行性。目前，这种并行计算是通过人工设计任务流程的有向无环图来实现的。

## 二、离线数据处理

分布式计算框架（执行层）是云平台的关键组件之一。它基于分布式存储（存储层）。它的功能是封装计算并行性、任务调度和容错、数据分配、负载平衡等功能。为上层应用程序提供计算服务。语言层是服务接口的封装，SQL 语言的编程接口提供给用户，不同计算框架的类 SQL 编程语言是不同的。

### （一）Map Reduce（Hadoop 0.20.2）

Map Reduce 是 Google 提出的并行计算框架。它可以在大量 PC 机上并行执行大量的数据采集和分析任务，并对如何并行执行任务、如何分配数据、如何容错、如何延迟网络带宽等问题进行编码。封装在库中的用户只需要执行数据操作，而不必担心复杂的细节，如并行计算、容错、数据分布、负载平衡等。同时，它为上层应用程序提供了一个良好而简单的抽象接口。

Apache 是指 Google 的论文进行 Java Hadoop 的开源实现，主要是复制和实现分布式文件系统和计算框架 Map Reduce。

1. 系统体系结构

Map Reduce 计算框架属于主 / 从体系结构。它有两个守护进程，Job Tracker 和 Task Tracker，其中 Job Tracker 是主进程，Task Tracker 是从进程。Task Tracker 调用 Job Tracker 的进程远程完成通信，但 Job Tracker 通常只响应 Task Tracker 请求，并不主动发起通信。Job Tracker 按其功能可分为六个模块。

（1）作业请求：向用户实例分配唯一的作业 ID( Job ID )。

（2）提交职务：为用户实例提供提交任务的界面。

（3）任务初始化：创建作业（作业）对象、创建作业地图和减少任务队列。

（4）作业调度：映射和减少任务调度。

（5）作业监控：作业、任务状态等。

（6）任务和节点失效处理:任务重新调度、任务 / 作业失败、任务 / 作业删除。

任务跟踪器根据其功能可分为五个模块。

（1）连接维护：定期检查与 Job Tracker 的连接。

（2）任务请求报告：定期向 Job Tracker 发送心跳消息，检查本地任务的数量和本地磁盘的空间使用情况，并向 Job Tracker 报告任务执行的状态和是否可以接受新任务。

（3）数据 I/O：MAP/Remote 数据输入和 Map/Reduce 数据输出。

（4)任务失败处理:将错误报告发送给 Task Tracker，Task Tracker 发布任务槽。

（5）任务执行：配置运行环境，启动 Java 虚拟机的（Java Virtual Machine，JVM）进程，并运行 Map/Reduce。

2. 容错

Map Reduce 允许数据错误、节点内进程错误和 Task Tracker 节点故障，但目前 Map Reduce 无法避免 Job Tracker 故障的一个点。当发现错误时，Job Tracker 会重新安排任务（在无法重新调度单个任务时被放弃）以实现容错。

Task Tracker 定期检查和清除以下任务：①无响应的任务；②空间溢出任务；

③文件系统错误；④ Reduce 任务的洗牌错误；⑤ JVM 错误。然后将错误任务的 ID 反馈给 Job Tracker。

Job Tracker 需要处理文件系统错误和 Reduce 任务的执行错误，其中文件系统错误通常是由任务失败引起的。当 Job Tracker 发现任务执行失败时，它会重新安排任务的执行时间，如果任务失败 4 次（系统默认 4 次，可以配置），则将任务标记为不可恢复。如果不可恢复的任务达到某个极限值，则任务被标记为不可恢复，其所有任务，包括已执行任务和未执行任务，都将被删除。

当 Job Tracker 发现节点故障时，它会重新安排该节点上所有未完成的任务并完成 Map 任务。完成的任务不需要重新安排时间，因为它的结果保存在 HDFS 中。

3. 任务分配与调度

Map Reduce 配置三个任务调度程序：FIFO 调度程序、优先级调度程序和公平调度程序。目前，默认的是 FIFO 调度程序。

（1）FIFO 调度程序是 Map Reduce 早期版本采用的策略。每个作业都可以使用整个集群，所以作业必须轮到它运行为止。当出现空闲资源时，后一个作业只能在当前作业不需要该资源时才能使用该资源。

（2）优先级调度程序在 FIFO 调度器的基础上引入了优先级策略。通过设置 mapred.job.priority 属性或者利用 set Job Priority 方法设置作业的优先级，先执行优先级最高的作业任务，但是，优先级并不支持抢占。

（3）公平调度程序。对于映射任务和减少任务，Task Tracker 有固定数量的插槽。Task Trackere 默认为两个 Map 插槽和两个缩减插槽（即两个 Map 任务和两个精简任务可以同时运行），并且可以根据 Task Tracker 核心的数量和内存大小来配置插槽数。

在默认情况下，每个用户都有自己的池。用户池的最小容量可以由 Map 中的插槽数来定义，或者可以设置每个池的权重。

公平调度程序支持抢占。如果某个池在一定时间内得不到资源的公平分配，则公平调度程序将终止过多资源的作业，并将时间分配给资源不足的池。

## （二）Pregel

许多实际应用涉及大型图形算法，如 Web 链接关系和社会关系图。这些应用程序具有相同的特性：图的规模很大，通常达到数十亿个顶点和数万亿个边。这对需要高效计算的应用程序提出了巨大的挑战。

（1）构建一个专用的分布式框架：每次引入新的算法或数据结构都需要付出很大的努力。

（2）在现有的分布式平台 Map Reduce 的基础上，存在一些易用性和性能不适用于图形算法的问题（图形算法更适合于消息传递模型）。

（3）单机不能适应问题规模的扩大。

（4）现有的并行图模型系统没有考虑大型系统的容错等更重要的问题。

Google 针对这类问题提出了一种迭代计算框架——Pregel，它可以在每次迭代时从前一次迭代中接收信息，并将信息传输到下一个顶点。在修改自身状态信息的过程中，从顶点作为状态信息的起点，或者改变整个图的拓扑结构。同时，Pregel 具有高效率、可扩展性和容错性等特点，并隐藏了分布式的细节，只向用户展示了一个强大的性能，易于编程的大型图形算法处理计算框架。

Pregel 计算系统的灵感来源于 Valiant 提出的大型同步模型。Pregel 计算由一系列迭代组成，每个迭代都称为 Super Step。在每个步骤中，计算框架调用每个顶点的用户定义函数。

### 1. 系统体系结构

Pregel 是为 Google 的集群架构设计的。每个集群都包含数千台机器，它们被组合在多个机架上，内部通信带宽非常大。集群在内部是相互关联的，但在地理上是分布的。该系统提供了一个名称服务系统，因此每个任务都可以通过逻辑名称标识绑定到机器上。

（1）节点维护。每个计算节点都有一个全局唯一的节点 ID，该节点维护主节点内的计算节点列表，记录每个计算节点的 ID、地址信息和节点生存状态。

（2）数据分布。Pregel 将输入数据分解为多个分区，每个分区包含顶点和从这些顶点开始的边，默认的分区函数只使用顶点 IDMo7V。主节点将这些分区分配给计算节点，每个节点可以有一个或多个分区（类似于一致的散列）。主节点上的计算节点列表还记录节点上的分区分布。

（3）全局同步。主节点负责全局同步，称为障碍同步。主节点向所有计算节点发送相同的指令，然后从每个计算中等待节点的响应。如果任何计算节点失败，主节点进入恢复模式；如果障碍同步成功，主节点将添加全局超级步骤的索引并进入下一个超级步骤。

（4）通知节点备份数据。在每个步骤开始，主节点通知计算节点将计算节点上的分区状态保存到持久存储设备，包括顶点值、边界值和接收的消息。

（5）错误恢复。主节点确定计算节点与 ping 消息是否错误。如果计算节点在一定时间内没有接收到 ping 消息，则计算节点上的计算终止。如果主节点在一定时间内没有收到来自计算节点的反馈，则该节点将被视为失败。主节点将这些节点上的分区重新分配给其他可用的计算节点。此外，主节点还保存整个计算过程的统计数据以及整个图的状态，如图的大小、输出程度的直方图、活动顶点数、当前 Super Step 中消息传输的时间以及所有用户定义的聚合。主节点运行内部 HTTP 服务，该服务显示对此数据信息的监视。

2. 就业效率

Pregel 的数据输入是一个有向图，有向图的每个顶点都有唯一的 ID，一些属性可以修改，其初始值由用户定义。每个有向边缘与其源顶点相关联，具有用户定义的属性和值，并记录其目标顶点的 ID。

在每个步骤中，顶点被并行计算，每次执行相同的用户定义的函数。每个顶点可以修改自己的状态信息或启动信息，计算上一步中接受的消息，然后将结果作为消息发送到其他顶点供下一步使用，或者修改整个图的拓扑。

（1）应用主节点向主节点提交任务，主节点计算数据资源分配和计算节点资源。

（2）主节点说明哪些计算节点参与计算，这些节点保持分区的顶点状态。

（3）计算节点获取数据。

（4）数据准备完成后，通知主节点。

（5）主节点通知越级启动。

（6）计算节点以实现消息的异步传输，并接收来自其他节点的消息。

（7）计算和通信完成后，通知主节点。

（8）主节点收到所有计算节点完成的消息后，通知计算节点报告活动节点数。

（9）如果活动节点数为零，则任务完成；否则，将通知所有计算节点数据备份。

（10）计算节点完成数据备份后，通知主节点。

（11）主节点通知下一步开始并返回到步骤（6）。

Pregel 程序的输出是所有顶点输出的集合。通常，Pregel 程序的输出是一个与输入同构的有向图，但并不一定是这样，因为在计算过程中可以添加和删除顶点和边，例如聚类算法。为了满足需要，可以从一个大图中选择几个不连通点；图挖掘算法只能输出从图中提取的聚合数据等。

3. 容错

Pregel 的容错性由检查点保证。在每个步骤的开始，主节点通知计算节点将分区的状态（包括顶点值、边界值）和接收到的消息保存到持久存储设备。主节点还周期性地保存聚合值。

主节点通过周期性 ping 消息确定计算节点是否错误。如果计算节点在一定时间内没有接收 ping 消息，则计算节点上的计算终止。如果主节点在一定时间内没有收到来自计算节点的反馈，则该节点将被视为失败。

当一个或多个计算节点失败时，分配给这些计算节点的分区的状态信息将丢失。主节点将这些分区重新分配给其他可用的计算节点，这些计算节点在步骤开始时从检查点重新加载这些分区的状态信息。此步骤可能在失败的计算节点上运行的最后一步之前，此时需要重新执行几个丢失的步骤。检查点的频率也应以一定的策略为基础，以平衡检查点的成本和恢复执行的成本。

Google 正在开发一种名为“封闭恢复”的检查点策略，以提高检查点和恢复执行的开销效率。除了基本检查点策略之外，计算节点还记录它发送的消息。恢复仅限于丢失的分区，该分区从检查点恢复。系统通过回放消息日志重新计算丢失的步骤。通过这种方式，可以节省资源和时间来恢复分区计算，并减少恢复分区计算的延迟。此外，保存发送出去的消息有一定的开销，但是计算节点上的磁盘读写带宽通常不会使这成为一个瓶颈。

### （三）Dryad

Dryad 和 Dryad LINQ 是微软硅谷研究所创建的研究项目，主要用于提供基于 Windows 操作系统的分布式计算平台。Dryad LINQ 提供了一个高级语言接口，它使普通程序员很容易进行大规模的分布式计算，结合了微软的 Dryad 和 LINQ 两项关键技术，并用在平台上构建应用程序。

1. 系统体系结构

Dryad 系统的建立是为了支持有向无环图类型数据流的并行程序。Dryad 的总体框架根据程序的要求完成调度，并自动完成对每个节点的任务操作。在 Dryad 平台上，每个 Dryad 工作被表示为有向无环图，每个节点表示要执行的程序，节点之间的边缘表示数据的传输。

Dryad 系统框架组件如下：

（1）任务管理器（Job Manager，JM）中每个任务的执行：由任务管理器控制，任务管理器负责实例化任务的工作图，调度集群上节点的执行，监视每个节点的执行并搜集一些信息，通过重新执行提供容错；根据用户配置策略动态调整工作图。

（2）群集（集群）：用于执行工作关系图中的节点。

（3）命名服务器（NAME Server，NS）：负责维护集群中每台机器的信息。

（4）维护过程（PDaemon，PD）：进程监控和调度。

当用户使用 Dryad 平台时，他们需要在任务管理节点上创建自己的任务。每个任务包括若干进程和这些进程中的数据传输。在任务管理器获得有向无环图之后，它已经为程序的输入通道做好了准备，并在机器可用时进行调度。任务管理器从指定的服务器获取可用计算机的列表，并通过维护过程安排程序。

2. 就业效率

Dryad 通过基于有向无环图的策略建模算法为用户提供了一个清晰的编程框架。在此编程框架中，用户需要将其应用程序表示为有向无环图，节点程序表示为串行程序，然后使用 Dryad 方法组织这些程序。在分布式系统中，用户不需要考虑节点的选择，节点和通信的错误处理方法简单明了，内置在 Dryad 框架中，满足分布式程序的可扩展性、可靠性和性能要求。

Dryad 使用虚拟节点来解决分布式并行问题。根据机器的性能，一个真实的物理节点可能包含一个或多个虚拟节点（逻辑节点）。任务程序可以分为两个相等的部分（每个都是一个虚拟节点），远远超过了资源的数量。现在假设有 S 资源，那么每个资源承担 O/S 相等的份额。当一个资源节点离开系统时，它所负责的相等份额将被重新分配到其他资源节点，当一个新节点被添加时，它将从其他节点“窃取”到一定数量的等量共享。

Dryad 执行过程可以看作是一个二维管道流处理过程。在每个节点可以有多个程序执行的情况下，通过该算法可以同时处理大规模数据。

微软的 Dryad 类似于 Google 的 Map Reduce 映射原则，但区别在于 Dryad 通过 Dryad LINQ 实现了分布式编程。通过使用 Dryad LINQ 编程，普通程序员编写的大型数据并行程序可以轻松地在大型集群中运行。Dryad LINQ 开发的程序是一组序列 LINQ 代码，它可以对数据集执行任何副作用的操作，编译器会自动将部分数据并行转换成并行执行计划，由底层的 Dryad 平台计算。这将生成每个节点要执行的代码和静态数据，并为需要传输的数据类型生成序列化代码。

Dryad LINQ 使用了与 LINQ 相同的编程模型，并扩展了少量的操作符和数据类型，用于数据并行分布式计算。对通用命令式和声明式编程（混合编程）的支持使 LINQ 代码或数据（Treocodeasdata）的性质永久化。

## 三、实时数据处理

数据的值随着时间的推移而减少，因此必须在事件发生时立即进行处理。最好在数据出现时立即处理它，并且发生单个事件，而不是分批缓存。这就是计算流量的原因。

实时搜索、高频交易、社交网络等新应用的出现将传统的数据处理系统推向了极限。这些新的应用要求流计算解决方案是可扩展的，可以处理高频数据流和大规模数据。虽然 Map Reduce 等分布式批处理技术可以处理越来越多的数据，但这些技术并不适合实时数据处理，也不能简单地将 Map Reduce 转换成一个实时计算框架。实时数据处理系统和批量数据处理系统在需求上有本质的区别，这主要体现在消息管理（数据传输）上。实时处理系统需要维护一个由消息队列和消息处理器组成的实时处理网络。消息处理器需要从消息队列中获取消息以进行处理，更新数据库，向其他队列发送消息，等等。主要体现在以下几个方面：

（1）消息处理逻辑代码的比例很小。它主要涉及消息框架的设计和管理，需要配置消息发送的位置，部署消息处理器，部署中间消息节点。

（2）健壮性和容错性。所有消息处理程序和消息队列都需要保证正常运行。

（3）可伸缩性。当消息处理程序达到阈值时，必须将数据分流，并配置新的处理程序来处理分流的消息。

对于分布式消息处理系统，最终的分解是消息队列和消息处理器的结合，而消息处理无疑是实时计算的基础。Twitter 的 Storm 和 Yahoo 的 S4 是在这方面提出的解决方案。

Storm 是 Back Type 开发的分布式容错实时计算系统，它托管在 Git Hub 上，遵循 Eclipse Public License 1.0。Storm 为分布式实时计算提供了一组通用的原语，就像 Map Reduce 框架中的 Map 和 Reduce 一样，它可以用于“流处理”、实时处理消息和更新数据库。Storm 的工程师 Nathan Marz 说：“Storm 可以轻松地在一组计算机中编写和扩展复杂的实时计算。Storm 是实时处理，而 Hadoop 是批处理。Storm 保证每条消息都被处理，并且在一个能够每秒处理数百万条消息的小型集群中，它是快速的。更好的是，您可以使用任何编程语言进行开发。”

Storm 的主要特征如下：

（1）简单规划模型。与 Map Reduce 类似，它降低了并行批处理的复杂性，而 Storm 降低了实时处理的复杂性。

（2）可以使用多种编程语言。可以在 Storm 上使用多种编程语言，默认情况下支持 Clojure、Java、Ruby 和 Python。要增加对其他语言的支持，只需实现一个简单的 Storm 通信协议。

（3）Storm 管理工作流程和节点中的故障。

（4）水平膨胀。计算在多个线程、进程和服务器之间并行执行。

（5）可靠的消息处理。Storm 确保每条消息至少被完整地处理一次。当任务失败时，它负责重新尝试再来一次的消息。

（6）速度快。该系统的设计是为了确保消息可以被快速处理，使用 ZeroMQ 作为它的底层消息队列。

（7）局部模式。Storm 有一个“本机模式”，在处理过程中完全模拟 Storm 集群，允许快速开发和单元测试。

1. 系统体系结构

Storm 系统体系结构由一个主节点和多个工作节点组成。主节点运行一个名为“Nimbus”的守护进程来分配代码、分配任务和故障排除。每个 Work 节点运行一个名为“Supervisor”的守护进程，用于侦听工作、启动和终止工作流程。Nimbus 和 Supervisor 都可以快速恢复，它们之间的协调是由 Apache Zoo Keeper 完成的。

2. 工作原理

Storm 术语包括消息流、消息源、消息处理程序、任务、工作流程、消息分发策略和拓扑。消息流系统是指正在处理的数据，消息源是源数据，消息处理程序是处理过的数据，任务是在消息源或消息处理程序中运行的线程，工作进程是运行这些线程的进程，消息策略指定消息处理程序作为输入数据接收到什么。

（1）计算拓扑

实时计算应用程序逻辑封装在 Storm 中的拓扑对象中。除非用户显式终止 Storm 拓扑，否则该拓扑将始终运行。一个拓扑是消息源和消息处理程序的有向图，其中大多数是有向无环图，而连接消息源和消息处理程序的是 Stream lE。

（2）消息流

消息流是 Storm 中最关键的抽象，它是一个无限元组（Tuple）序列。消息流的定义主要是消息流中元组的定义，即元组中每个字段的定义（类似于数据库中的表和属性）。元组的字段类型可以是整数、长、短、字节、字符串、双、浮点、布尔和字节数组。

每个消息流都定义了一个 ID。Output Fields Declarer 定义了允许在不指定 ID 的情况下定义流的方法，在这种情况下，Stream 将具有默认的 ID。

（3）消息来源

消息源是拓扑中的消息生成器。通用消息源从外部源读取数据并向拓扑发送消息。源可以是可靠的，也可以是不可靠的。可靠的消息源可以重传消息，而不可靠的消息源不能重传消息。

消息源可以发出多个消息流，使用 Out Fields Declarer.ramre Stream 定义多个消息流，然后使用 Spout Output Collection 发送指定的消息流。

消息源类中最重要的方法是 nextTuple，或者发送新消息，或者返回没有新消息的消息。请注意，nextTuple 方法不能阻止消息源实现，因为 Storm 调用同一线程上所有消息源的方法。

另外两个重要的源方法是 ack 和 Failure。Storm 通过 ack 和 Failure 保证拓扑的可靠性（容错），在成功处理消息时调用 ack 标记数据处理（类似于断点）的过程，如果消息处理失败则调用失败恢复。

（4）消息处理程序

消息处理逻辑封装在消息处理器中，如过滤、聚合、查询数据库等。复杂的消息流处理通常需要经过许多步骤，即通过多步消息处理器。消息处理程序可以简单地传递消息流，或者他们可以发送多个消息流，使用 Output Fields Deder-Randre Stream 定义消息流，并使用 Output Collection.emit 选择要传输的消息流。

消息处理程序的主要方法是执行，它以消息作为输入，消息处理程序使用 Output Collection 来传输消息。消息处理程序必须为它处理的每一条消息调用 Output Collection 的方法。通知 Storm 消息处理已完成。一般过程是消息处理程序处理输入消息，发出零条或多条消息，然后调用 ack 通知 Storm 消息已被处理，Storm 提供一个 IBasicBolt 调用来自动进行 ack。

（5）消息分发策略

消息流组用于定义消息流应该分配给消息处理程序的多个任务。风暴中有六种类型的流群：

1）混乱组：在消息流中随机分发消息，确保每个消息处理程序接收的消息数量相同。

2）字段组：按字段（如 userid）分组，将具有相同 userid 的消息分配给相同的消息处理程序，而将不同的 userid 分配给不同的消息处理程序。

3）所有组：对于每条消息，所有消息处理程序都将接收。

4）全局组：将消息分配给 Storm 中的一个消息处理程序的任务之一的全局分组，该任务分配给 ID 的最低值。

5 )Non 组：不分组，即消息流不关心到底谁会收到它的消息。目前这种分组和 Shuffle 组是一样的效果，有一点不同的是，Storm 会把这个消息处理者放到其订阅者的线程里面执行。

6）直接分组：直接分组，这是一种相对特殊的分组方法，它意味着消息的发送方指定消息由接收方的任务处理。只有声明为 Direct Stream 的消息流才能声明此分组方法，并且必须使用 emit Direct 方法发出消息。消息处理程序可以获得通过 Topology Context 处理其消息的 Task ID。

（6）可靠性

Storm 保证每项任务将在拓扑上全部完成。Storm 跟踪每个消息源任务生成的任务树（另一条消息处理程序在处理一项任务后可以发送另一条消息，从而形成一棵树），跟踪该任务树，直到该树被成功处理为止。每个拓扑都有一个消息超时设置，如果 Storm 未能在此时间内检测到消息树的成功执行，则拓扑将消息标记为执行失败并重新发送消息。

为了利用 Storm 的可靠性，必须在发送新消息和处理消息时通知它，这是由 Output Collection 完成的。通过其发出方法生成新消息，并通过其 ack 方法通知消息处理。

（7）任务

每个消息源和消息处理程序都在整个集群中执行多个任务。每个任务对应于一个线程，而 Stream 组定义如何从一个任务触发消息到另一个任务。可以调用 Topology Builder.set Spout 和 Top Builder.set Bolt 来设置并行度以确定有多少任务。

（8）工作过程

拓扑可以在一个或多个工作过程中执行，每个过程执行整个拓扑的一部分。对于并行性为 300 的拓扑，如果使用 50 个辅助进程，则每个辅助进程将处理其中的 6 个任务。Storm 尽可能均匀地为所有工作过程分配拓扑。

## (一)S4 分布式流计算平台

S4 是雅虎发布的通用、可扩展、部分容错和插件式分布式流计算平台。在这个平台上，程序员可以轻松开发处理流数据的应用程序。

雅虎开发 S4 的主要目的是处理用户反馈：在搜索引擎的广告中，用户点击的可能性是根据当前情况（用户偏好、地理位置、查询和点击）来估算的。

S4 的设计目标如下：

（1）采用分散、对称的结构：无中心节点和特殊功能节点（易于部署和维护），提供简单的编程接口。

（2）设计了一个由通用硬件组成的高可用性、良好可扩展性的集群。

（3）尽量减少延迟，使用本地内存，尽量避免磁盘 I/O。

（4）可插接结构，满足一般用户需求。

（5）设计思想应更友好，易于编程，更灵活。

但是，S4 集群不允许添加或删除节点，在发生故障时允许数据丢失，并且不考虑系统的负载平衡和健壮性。

1. 系统体系结构

S4 提供客户端（客户端）和适配器（适配器），供第三方客户端访问 S4 集群，S4 集群构成 S4 系统的三个组件，即客户机（客户端）、适配器（适配器）和简单的可伸缩流处理系统集群。这三个部分通过通信协议发送和接收消息，客户端与适配器之间的交互采用 TCP/IP 协议，适配器与 S4 集群之间的交互采用 UDP 协议。

为了使整个集群体系结构满足业务需求，S4 体系结构的设计考虑了以下几点：

（1）S4 系统体系结构的代理模式。为了在公共机器集群上进行分布式处理，并且在集群中没有共享内存，S4 体系结构使用 Actor 模式，它提供封装和地址透明性语义。因此，在允许大规模并发的同时，它还提供了一个简单的编程接口。S4 系统通过处理单元进行计算，并且消息以数据事件的形式在处理单元之间传输，PE 消费事件发出一个或多个可由其他 PE 处理的事件，或直接发布结果。每个 PE 的状态对于其他 PE 是不可见的，PE 之间唯一的交互方式是发出事件和使用事件。该框架提供了将事件路由到适当 PE 并创建新 PE 实例的能力。S4 设计模式与封装和地址透明性兼容。

（2）集群的 P2P 点对点体系结构。为了简化部署和操作以获得更大的稳定性和可伸缩性，S4 使用了对等结构，集群中的所有处理节点都相同，没有中央控制。该体系结构将使集群具有很强的可扩展性，在理论上可以处理节点总数无上限的问题，同时，S4 不存在单一的容错问题。

（3）通用模块的可插拔特性。

（4）S4 系统是用 Java 开发的，采用了非常丰富的模块化编程。每个通用功能点尽可能抽象为一个通用模块，并尽可能多地定制每个模块。

2. 关键部件

（1）Client

S4 中的所有事件流都由客户端触发。Client 是 S4 提供的第三方客户端，它通过驱动程序组件与 Adapter 进行交互，并通过 Adapter 从 S4 集群接收或发送消息。

（2）适配器

适配器负责与 S4 集群交互，接收客户端发送到 S4 集群的请求，监听 S4 集群返回的数据并发送给客户端，使用 TCP/IP 协议提高客户端与适配器之间通信的可靠性。与 S4 集群的交互是基于 UDP 协议来提高传输速率的。

适配器也是一个集群，具有多个 Adapter 节点，客户端可以通过多个驱动程序与多个 Adapter 通信，这确保了当单个客户端分发大量数据时，Adapter 不会成为瓶颈。它还确保系统支持多个客户端应用程序并发执行的速度、效率和可靠性。

# 第三节　大数据挖掘

## 一、并行数据挖掘

### （一）概览

随着数据挖掘的数据结构由简单到复杂，数据规模由小到大，数据挖掘软件的发展经历了单机计算、集群计算、网格计算等几个阶段。目前，它已经进入了并行计算、分布式计算和网格计算相结合的云计算时代。云计算技术保证了海量数据挖掘的准确性和效率，具体体现在以下几个方面：

（1）云计算建立了虚拟存储系统，实现了分布式数据资源的集中管理和统一管理，而虚拟云存储管理系统的建立是为数据挖掘提供数据资源的有效保证。

（2）云计算建立了迁移策略和负载平衡系统。迁移策略系统考虑了数据传输对网络负担和节点负载的影响，通过集中管理为海量数据挖掘提供了效率保证。

（3）云计算提供任务并行化管理，如建立并行任务通信机制、并行任务调度机制、并行任务故障恢复机制等，从而保证了并行数据挖掘的有效性和效率。

### （二）系统架构

云计算平台的并行数据挖掘系统的体系主要分为四层。

（1）云计算平台：提供分布式文件系统、分布式数据库，适合于数据存储、数据管理、数据计算等的并行计算框架，可根据实际需要合理配置。

（2）数据ETL：可以收集各种数据源，包括数据库数据、文档数据和网页数据。此外，一些基本的数据清理、数据转换、结构化数据/非结构化数据预处理工作也需要在存储前完成。

（3）并行数据挖掘分析引擎：主要设计了面向云计算平台的并行计算框架，包括并行数据挖掘算法、模型评价和结果显示，并提供上下调用接口。

（4）数据挖掘的应用：调用数据挖掘的能力模型或直接利用数据挖掘的结果来揭示数据的隐藏价值并加以利用。

该体系结构可以直接作为一个完整的挖掘应用系统使用，也可以在基于云的应用平台中作为中间件使用并行数据挖掘引擎模块。

### （三）关键技术

1. 挖掘算法的并行化分析

该算法能否被Map Reduce并行化，需要针对具体的算法进行具体的分析。但是，也有一些初步的和一般性的指导原则可供参考。

（1）首先要判断算法中是否存在并行处理步骤：在理论分析中，不仅要考虑主要步骤的并行性，还要考虑小计算的并行化，这是算法的前提和基础。

（2）从理论上判断该算法是否满足Map Reduce并行化条件，即该算法是否能够对数据进行分割，以及块处理后的结果是否可以合并得到最终结果。

（3）算法的时间复杂度不应太大：算法不能迭代太多次，因为每次启动Map Reduce需要时间（包括在每个节点上启动新进程、通过网络传输数据等一系列操作）；最后，我们需要保证Map Reduce并行化算法的效率，否则就不需要Map Reduce并行化。

（4）地图推理后，需要考虑算法的正确性：并行处理结果与串行处理结果一致。

2. 挖掘算法的并行设计

对于数据挖掘算法的并行设计，不需要对所有算法进行详细分析和设计。因此，本书选择了两种有代表性的算法进行具体的分析和设计。它们分别代表简单的Map Reduce并行化设计和复杂的Map Reduce并行设计。但是，对于特定数据挖掘算法的 Map Reduce 并行设计，将给出一些一般的指导原则。

## 二、搜索引擎技术

### （一）概览

搜索引擎是一个信息检索系统，它从各种业务或应用系统收集数据，存储、处理和重组数据，为用户提供查询和结果显示。在获取大量数据后，在数据存储系统中实现数据管理是必然的步骤和重要工具。当人们面对大数据时，可以通过输入简单的查询语句来获取所需的信息集。

从广义上说，搜索引擎等同于信息检索，它是指以某种方式组织信息，根据用户的需要查找相关信息的过程和技术。狭义信息检索是信息检索过程的后半部分，即从信息搜集中发现所需信息的过程，即信息查询过程。

狭义上的搜索引擎又称网络搜索，百度、谷歌等都属于这一类。因特网上的网页总数已超过 50 亿页，每月增加近 1000 万页。Web 检索的内容非常丰富，有网页、文档、语音、视频等。文件类型的文件，音频 / 视频也是多种多样的，有 pdf、doc、Excel、MOV、mp3 等格式。Web 检索系统以一定的策略在 Internet 上搜集和发现信息，对信息进行理解、提取、组织和处理，为用户提供检索服务，从而发挥信息导航的目的。搜索引擎通常被称为 Web 搜索引擎。

业界对搜索引擎的分类有很多标准，标准不同，分类体系也不同。一般来说，搜索引擎的分类标准主要有三种，即学术分类、需求分类和行业分类。

在学术分类中，根据不同的技术结构和服务提供模式，将搜索引擎分为三类：目录搜索引擎、全文搜索引擎和元搜索引擎。

在需求分类方面，根据搜索引擎满足用户信息需求的能力，将搜索引擎细分为一般搜索引擎和垂直搜索引擎。垂直搜索引擎包括网络搜索、新闻搜索、图像搜索、音乐搜索和视频搜索。

在产业分工方法中，考虑到搜索引擎市场的不同，将搜索引擎细分为两类：Internet 搜索引擎和企业搜索引擎，而 Internet 搜索引擎则因服务领域的不同而不同。它进一步细分为一般搜索和垂直搜索。

### （二）系统架构

作为 Internet 应用中最具技术含量的应用之一，优秀的搜索引擎需要复杂的结构和算法来支持海量数据的获取、存储和对用户查询的快速、准确的响应。

在架构层面，搜索引擎需要有能力访问、存储和处理数百万个庞大的网页，同时确保搜索结果的质量。如何获取、存储和计算如此庞大的数据，如何快速响应用户查询，如何使搜索结果满足用户的信息需求，这些都是搜索引擎面临的核心问题。

搜索引擎从互联网站点的网页中获取信息，这些信息是在本地抓取和保存的，因此互联网上相当大比例的内容是相同或几乎重复的。网页删除模块检测到这一点，并删除重复的内容。

在此之后，搜索引擎将解析页面，提取页面的主要内容，以及页面包含的指向其他页面的链接。为了加快对用户查询的响应，需要通过倒排索引数据结构保存网页的内容，并保存页面之间的链接关系。我们之所以要保持链接关系，是因为它在网页排名中有着重要的价值，搜索引擎将通过链接分析来判断网页本身的相对重要性。这对于为用户提供高质量的搜索结果有很大的帮助。

由于页面太多，搜索引擎还需要保存原始页面信息和一些中间处理结果，仅用几台或一台机器来处理数据和信息显然是不够的。因此，商业搜索引擎公司开发了一套完整的云存储和计算平台，利用数万台普通计算机构建一个集群，支持海量信息的可靠存储和计算体系结构。优秀的云存储和计算平台是大型商业搜索引擎的核心竞争力。

当然，数据的采集、存储、处理都是搜索引擎的后台计算系统，其主要价值在于解决如何为用户提供准确、全面、实时、可靠的搜索引擎。如何实时响应用户查询并提供准确的结果，构成了一个搜索引擎前台计算系统。

在收到用户的查询信息后，搜索引擎将首先对查询项进行处理，推导出用户的真实查询意图，然后在缓存中搜索。如果能直接在缓存中找到满足用户需求的信息，结果可以直接返回给用户；如果缓存中没有用户需要的信息，则搜索引擎需要将系统检索到倒排索引中，以便实时查找结果，并对结果进行排序。在排名中，一方面考虑了查询的网页内容的相关性，另一方面考虑了网页内容的质量、可信度和重要性。综合以上因素，形成最终排名结果，返回给用户。

搜索引擎作为 Internet 用户访问 Internet 的虚拟门户，对引导和分流网络流量具有重要意义。使用各种手段将网络搜索排名提高到与其网页质量不相称的位置，严重影响了用户的搜索体验。自动发现作弊页面并对其进行惩罚，已成为当前搜索引擎的一个重要组成部分。

## （三）关键技术

1. 网络爬虫

互联网上有数千亿的网页存储在不同的服务器上、在世界各地的数据中心和机房里。对于搜索引擎来说，抓取互联网上的所有网页几乎是不可能的。从目前公布的数据来看，最大的搜索引擎只能获得网页总数的 40% 左右。一方面，由于爬行技术的瓶颈，它不能遍历所有的网页，从其他网页的链接中找不到很多网页；另一方面是存储和处理方面的问题。如果每个页面的平均大小为 20 KB（包括图像），则 100 亿页的容量为 100×2000 GB，即使可以存储，下载也可能有问题（如果在一台机器上每秒下载 20 KB，则需要 340 台机器一年不停止地下载所有页面）。同时，由于数据量过大，会影响搜索的效率。

网络爬虫抓取分布在不同服务器和数据中心中的网页，并在本地存储，形成网页镜像设备后建立索引，使网络爬虫能够快速响应用户的查询要求。网络爬虫起着重要作用，它是搜索引擎系统的关键和基本组成部分。

一个通用的、简单的 Web 爬虫框架，其基本原理是：首先，从 Internet 上手工选择一部分网页，作为种子 URL，存储在 URL 队列中；其次，爬虫调度程序从要获取的 URL 队列中读出 URL，并解析 DNS 以将链接地址转换为网络服务器的 IP 地址；最后将所述 IP 地址和所述相对路径名称提交到所述相对网页下载装置。在接收到下载任务后，Web 下载机通过 IP 地址和域名信息与远程服务器建立连接，发送请求并下载网页。一方面，将其存储在页面库中，为后续的页面分析和索引奠定基础；另一方面，从下载的网页中提取出 URL，并将其放入捕获的 URL 队列中，以避免重复爬行。对于新下载的网页，提取其中包含的所有输出链 URL。如果捕获的 URL 队列中没有出现链接，则将其放在要获取的 URL 队列的末尾，然后抓取它。在处理 URL 队列中的所有页面之前，此循环不会完成完整抓取。

网络爬虫连接到远程服务器后，通过 HTTP 进行通信。在接收到爬虫请求后，服务器按照HTTP头信息和HTTP正文信息的顺序发送内容。抓取头信息后，对其进行解析，得到状态码、页面内容长度、转向信息、连接状态、网页内容编码、网页类型、网页字符集、传输编码等信息。根据返回代码，判断Web服务器是否转向请求，如果请求被转到，则应重新组装消息体以发送请求。然后，根据所述传输类型和所述网页主体的大小，将所述存储器空间应用于待接收，如果所接收的大小超过所述预定大小，则放弃所述页；根据所述网页的类型，判断是否获取所述网页，并在满足所述获取条件的情况下，连续获取所述网页的主体信息。当爬虫获取网页的主体信息后，提取链接信息和相应的锚文本链接描述信息，形成网页链接结构库。当读取正文内容时，由于页面标题信息中给定的页面正文大小可能存在错误，所以页面正文信息的读取应该在循环正文中，直到无法读取新的字节。此外，服务器没有响应很长时间，需要设置超时机制，超时后放弃页面。如果接收到的数据超过预定的接收大小，则网页也被丢弃。

下载完所有网页后，整个网页可分为五种类型：下载的网页集、过期的网页集、等待下载的网页集、可知的网页集、未知的网页集。下载的网页和过期的网页属于本地网页，区别是本地网页的内容与当前的互联网网页内容不同，下载的网页集是指正在爬入URL队列的网页，这些网页很快就会被爬虫下载。可知的网页集是那些既不下载也不过期的网页，但总是可以通过链接关系找到。未知网页是那些无法被爬虫发现的网页，这部分页面在整个页面中所占的比例很大。

（1）重爬检测

如果爬虫不能检测到爬行的网页，物理中经常会出现重复爬行同一页的现象。重复收集网页的原因一方面是因为收集程序没有记录访问过的URL，另一方面是域名与IP之间的多重对应。

为了解决第一个原因造成的收集重复，搜索引擎爬虫通常定义两个表：未访问的URL表和访问的URL表。请求的URL存储在URL中，URL表中已经访问了未访问的URL表，该表存储要访问的人的队列。爬虫将访问的URL和未访问的URL划分为MD5（Message Digest Algorithm 5）集合，获得其唯一标识，并建立两个哈希集。对于新解析的网页URL，首先基于已访问URL的MD5集合来确定它是否已被爬行，或者如果没有进入未访问的URL库，还是干脆放弃。

记录未访问和访问的URL信息可以确保收集到的页面中的所有URL都不同。

然而，域名和 IP 之间的对应是复杂的，即使网页 URL 不同，也会导致存在相同的物理网页。域名与 IP 之间有四种对应关系：一对一、一对多、多对一、多对多。一对一不会导致重复收集，后三种情况可能导致重复收集。虚拟主机和 DNS 轮转会导致一个 IP 对应多个域名；DNS 旋转有时会导致多个 IP 对应于一个域名；当一个站点有多个域名时，多个 IP 对应于多个域名。为了解决 IP 和域名之间复杂的对应关系所带来的问题，寻找指向同一个物理位置 URL 的多个域名和 IP 是一个累积过程。首先，积累一定数量的域名和 IP( 例如 100 万 )，然后检索并比较链接到与 IP 相对应的主页和主页的前几个页面，如果结果相同，则将它们分组。在未来，只能选择其中一个进行收集。应该优先选择域名，因为有些网站不直接使用 IP 访问。

（2）抓取调度

搜索引擎的爬虫必须在抓取网页之前维护要获取的页面的 URL 队列，然后根据队列中的 URL 顺序依次抓取页面。Web 爬行策略是使用不同的方法来确定 URL 队列中要获取的 URL 的顺序。

无论是哪种爬虫，无论是哪种爬虫策略，目标都是一样的，即优先选择重要的网页进行爬行。网页的重要性可以根据不同方法的不同标准来选择，但大多是根据网页流行程度来确定的。如人类链的数量，网页排名算法是一种比较常见的网页流行病评价指标。

目前，有效且有代表性的 Web 爬行策略包括深度优先遍历策略、宽度优先遍历策略、不完全 Page Rank 策略、OPIC 策略和大站优先策略。

1）深度优先遍历策略有点像古代封建帝王的继承制度。长子继承，长子死，长孙继承。如果所有这些都消失了，考虑继承你的第二个儿子，以此类推。反映在树结构上的是深度遍历策略。由于互联网结构的复杂性，如果采用深度优先策略，就不能保证收集重要网页的优先级。

2）宽度优先遍历策略是一种非常简单但非常有效的 Web 爬行策略。虽然它是原创的，但效果比较好，它经常被用作爬虫网站爬行的基准策略。所谓的宽度优先遍历策略是“Nothing”策略，即从下载的网页中提取的 URL 链接直接附加到 URL 队列的末尾，不需要做任何额外的工作来评估页面的重要性。然而，宽度优先遍历策略实现了根据网页重要性对其进行排名的效果，因为它们倾向于通过大量链接下载更多的网页。

3）不完全 Page Rank 策略实际上与 Page Rank 策略相同，而 Page Rank 算法是全局策略。下载完所有网页后，使用它们进行计算是有意义的。但是，爬虫不可能在运行期间捕获所有网页，因此只能在不完整的网页集合中计算 Page Rank。不完全 Page Rank 算法的基本思想是形成一个大的下载页面集和要下载的页面集，并在此基础上计算 Page Rank，然后根据 PR 值从高到低对 URL 队列中的页面进行排序。形成一个优先抓取页面。但是，下载的页面和要下载的页面的数量不时会发生变化，而且每次爬行页面时都不可能更新 Page Rank 值。根据不完全 Page Rank 算法更新网页时，更新 Page Rank 值的机会是一个需要注意的问题。通常的解决方案是，只有当下载的页面数累积到预定值时，才更新网页集的 Page Rank 值。但是，在进行下一轮 Page Rank 计算之前，从一些下载页面中提取的 URL 可能比要爬行的页面列表中的当前 URL 具有更高的下载优先级，以及是否需要先下载这些 URL。如何计算 Page Rank 值也是一个问题。一种可能的解决方案是，爬虫系统向已提取但没有 Page Rank 值的网页分配一个临时 Page Rank 值，然后聚合链接到该页的所有页面的 Page Rank 值，以获取该页的 Page Rank 值。如果此值高于要爬行的当前页面列表中的某些 Page Rank 值，则应先下载该页。不完全 Page Rank 策略比较复杂，其效果不一定优于宽度优先策略。

4 )OPIC 策略优于不完全 Page Rank 策略，其思想与不完全 Page Rank 策略非常相似，可以看作是 Page Rank 策略的一个改进版本。其基本流程是：首先，每个页面都被给予相同的现金，而其他页面下载的现金也会被平等分配给自己的网页，而自己的现金为零。其次，对于要在 URL 队列中获取的页面，按其现有的现金优先级进行排序。与不完全 PR 策略相比，OPIC 策略不需要迭代计算，且速度快，适用于实时计算。实验表明，OPIC 策略是衡量网页重要性的良好手段，其效果略优于宽度优先遍历策略。

5）大站优先策略是最容易理解的策略，它从网站的角度来衡量网页的重要性。对于在 URL 队列中被抓取的页面，根据网站的分类，要下载的页面数量最多的网站有权优先下载。对于大型网站来说，这基本上是一个优先事项，因为它们包含的页面比小得多，而且它们的页面质量相对较高。实验表明，大站优先策略比宽度优先遍历策略能取得更好的效果。

在网络爬虫的多种调度策略中，最优的是 OPIC 策略，其次是大站优先策略、宽度优先遍历策略和不完全 Page Rank 策略，最差的是深度优先遍历策略。

（3）更新抓取

Internet 上的网页经常更新，任何时候都会出现新的页面或内容更改的页面。爬虫不只是抓取本地页面来完成这项工作，它还需要确保本地下载的页面和 Internet 页面的一致性，这需要保持本地内容与 Internet 内容的同步。页面更新策略是影响内容同步的重要因素。它应该寻找一个适当的机会重新掌握下载的网页，以保持本地图像和互联网页面之间尽可能同步。常用的网络更新策略包括统一访问策略、历史参考策略、用户体验策略和聚类抽样策略。

1）统一访问策略没有区分网站和网页，而是在一定的时间内对所有访问过的页面进行重述。这种方法简单且易于实现，对所有网页一视同仁，但在整个网络上重新浏览的效率较低。

2）历史参考策略的出发点是非常直接的，即过去经常更新的网页将来也可能经常更新。因此，要预测网页未来更新的时间，只需参考过去的更新即可。泊松分布可以用来模拟网页的变化，预测网页的下一次更新时间。为了节省资源和提高效率，一些实现方法也对网页进行了划分，重点对主题内容进行建模和检测，而忽略了广告栏或导航栏等不太重要的领域。

3）用户体验策略是利用用户通常只浏览搜索引擎返回的前三页内容这一事实来更新网页。有时，即使本地图像中的某些页面在内容上发生了显著变化，搜索引擎也不会更新页面。因此，判断一个网页是否需要更新取决于网页内容的变化对搜索排名的影响。页面的影响越大，更新的速度就越快。用户体验策略保存了网页的多个历史版本，并根据以往页面变化对搜索排名的影响得到了一个平均值，进而确定了页面更新的优先级。

历史参考策略和用户体验策略都强烈依赖网页的历史更新，这无疑会增加搜索系统的存储负担，而对于第一次无法获得的页面，则无法估计其更新时间。

4）聚类抽样策略认为网页的某些属性决定了它们的更新周期，类似于网页的属性，其更新周期是相似的。因此，可以根据上述更新属性对页面进行分类，从而将同一类别中的页面设置为相同的更新频率。为了计算同一类别网页的更新周期，只需对类别中的页面进行采样，并将抽样页面的更新周期作为该类别所有页面的更新周期。这样，我们就可以解决依赖历史页面和新网页冷启动的问题。有静态和动态特性用于更新网页聚类。静态功能包括网页的大小和内容、图像的数量、链接的深度、页面排名值等。动态特征包括这些静态特征的变化，如图像数量的变化、内链外链的变化等。然而，很难对数亿个网页进行聚类。有人提出了一些简化办法，例如将属于同一网站的所有网页作为一个分类，将网站典型网页的更新周期作为网站的更新周期。虽然效果不一定很好，但由于节省了聚类过程，计算效率仍然令人满意。

（4）净结算

隐藏网页是指当前搜索引擎根据网页链接关系分析无法抓取的互联网网页。一些典型的垂直网页属于暗网，它们通常很少与外部网站接触，它们的内容以数据库的形式存储，只有用户在网站组合查询界面中输入关键词后，才能得到数据。常规爬虫不能爬行这些网站的内容。

为了捕捉黑暗网络的网页内容，我们需要开发不同于普通爬虫机制的不同系统，这种机制有时被称为黑暗网络爬虫。黑暗网络爬虫必须具备从数据库中挖掘出黑暗网页数据的能力，这主要解决了爬虫信息覆盖问题。目前，大型搜索引擎服务提供商把暗网挖掘作为一个重要的研究方向，因为它直接关系到搜索引擎所提供结果的全面性。

为了挖掘数据库的内容，黑暗网络爬虫需要模拟人的行为，填写相关内容并提交表单。黑暗网页爬虫的技术挑战来自两点：①需要仔细选择查询组合，一方面要减少访问网站服务器的压力，另一方面需要尽可能覆盖垂直网站的所有页面；②需要在访问网站提供的查询文本框中填写适当的查询内容。

垂直网站往往为用户提供多个查询输入框，不同的输入框代表了搜索对象的某一方面属性，通过这些属性的组合可以有效地缩小搜索范围。因此，一个简单的方法是将每个输入框的所有查询值组合成一个查询，从而捕获所有垂直网站的数据。但这是不太可能的，也是不必要的，因为许多组合实际上是无效的，它给被访问的网站带来了很大的流量压力。

Google 提出了一套叫作信息查询模板的技术。所谓查询模板，就是将查询提交给搜索引擎，只有一部分属性赋值，其他属性不赋值，这些属性构成查询模板。如果只分配模板中的一个属性，则查询模板称为一维模板，将两个属性分配给二维模板，以此类推。信息查询模板具体指的是一个固定的一维度模板。如果将一维度属性分配给不同的查询组合，则搜索引擎返回的内容将有很大差异。为了加快丰富信息查询模板的搜索速度，减少查询提交的次数，Google 还提出了一种站点查询信息模板的技术方案。其基本思想是：首先，从一维查询模板开始，如果查询模板是丰富的信息模板，则将一维模板扩展到二维模板，然后依次检查相应的二维模板，以此类推。递增地添加维度，直到无法找到富含信息查询模板。这样就可以找到最丰富的信息查询模板。Google 的评价结果表明，与完全组合方法相比，该方法能有效提高系统的效率。

上面的富含信息查询模板没有提到如何确定查询输入值。由于爬虫在网站正式投入运行之前对其内容一无所知，它需要手动提供一些种子搜索关键字表，然后在此基础上向垂直搜索引擎提交查询并下载返回的结果页。自动挖掘出相关的关键字，形成信息查询列表，然后依次向搜索引擎提交新的查询词。这种情况会重复，直到无法下载新的内容位置。通过手动启发式和递归迭代的结合，数据库中的记录几乎被覆盖。

2. 文献理解

爬虫从 Internet 下载相关网页文档后，形成原来的网页库和网页链接结构库，分析子系统对原始网页库进行编码类型和类型转换，形成标准化的标准网页。通过网页的分析和净化模块，提取网页的 URL 标识、标题、描述、关键词和文本等重要信息，对网页内容进行压缩，删除网页，进一步优化网页存储空间。然后根据不同的关键词提取相应的网页摘要，最终形成结构化文档对象，包括文档 ID、标题、URL、时间、关键词、摘要等内容，并存储在相关的文件系统中。此外，分析子系统还根据爬虫收集的网页链接结构数据库计算每个网页的链接重要性，并将其作为文档的属性存储在网页对象库中。为方便生成搜索结果页面，需要根据文档 ID 直接定位文档的结构化信息。因此，我们还需要建立一套结构化文档库的索引机制，以获得网页索引库。这允许简单地使用文档 ID 快速提取检索文档结果页，从而从缓存或本地文件中快速提取相关信息。

3. 文档索引

倒排索引是搜索引擎索引的核心，它由词库和倒排表组成。单词字典用于维护文档集合中出现的所有单词的信息，记录倒排文件中单词倒排列表的偏移信息。

响应用户的搜索请求，通过在单词字典中查找单词，可以得到相应的单词倒排列表，并以此作为后续排序的基础。

对于一个索引数亿页的搜索引擎来说，出现的字数可能是几十万甚至数百万，如何在如此大规模的词汇词典中快速定位和获取信息，将直接影响搜索引擎的响应速度。常用的构造单词词典的数据结构包括哈希列表结构和树形词典结构。

所谓的哈希列表结构由两个部分组成：哈希列表和碰撞列表。

词典是在建立索引的同时进行的。例如，在解析新文档时，对文档中出现的每个单词执行以下操作：首先，使用哈希函数获取其哈希值，并根据哈希值所在的哈希表条目读取存储的指针；其次，找到相应的冲突列表，如果冲突列表中不存在单词，则将其和相关信息添加到列表中。所有文档中的所有单词都按照上述步骤进行处理，当文档集被解析时，建立相应的字典结构。

响应所述查询，对应的哈希表项与相应的哈希表项相匹配，并提取冲突链接列表进行比较，找到对应于所述查询词的倒排列表的存储位置，获得与所述单词对应的倒排列表。并对相似度进行计算，得到最终的检索结果。

4. 用户理解

搜索引擎和用户之间的交互非常简单。首先，用户在搜索框中输入查询词；其次，搜索引擎为用户返回相关文档列表。这一过程似乎很简单，但其背后的原则却非常复杂。由于用户输入的每个查询词都隐含着深层的查询意图，而这些查询意图或由于用户表达水平有限而无法准确描述，或者由于某些需求难以用一两个单词或句子表达，因此系统需要结合用户上下文深入挖掘真实信息。用户查询意图的识别与挖掘是当前搜索引擎研究的一个重要方向。只有当我们知道用户到底想要什么时，才有可能为用户提供准确的答案和满意的服务。

每个搜索词都暗示着用户潜在的搜索意图和需求。如果搜索引擎能够根据查询条件自动分析潜在的搜索意图，然后针对不同的搜索意图采用不同的检索方法，最后，根据用户的意图满意度，将最符合用户意图的搜索结果排在第一位，这无疑将大大改善用户的搜索体验。

行业研究成果表明，搜索用户的目的可分为三类：导航搜索、信息搜索和事务性搜索。

导航搜索通常表示用户的搜索请求以特定的站点地址为目标，如中兴通讯的官方网站、北京大学的官方网址等。

信息检索的目的是获取“宫保鸡丁的做法”“谁是美国总统”“五一北京天气”等方面或领域的信息。用户查询这类信息，主要是为了学习一些新知识。

事务性搜索请求的目标是完成特定的任务，如“下载手机软件”“淘宝购物”等。

用户搜索意向具体划分为以下几类：

（1）导航类，其中用户知道登录哪个站点，但不知道详细的 URL 或不希望输入较长的 URL，因此可以通过搜索引擎进行搜索。

（2）信息类别，可细分为以下几个子类型：①直接类型，用户想了解某一特定主题的具体信息，如“中国建设银行南京分行 2012 年首期住房贷款利率是多少”；②间接类型，用户希望了解某一主题的任何方面的信息，如“2012 年住房银行贷款情况”等；③用户希望得到一些建议或指导，如“如何处理 2012 年银行贷款购房手续”；④定位导向，用户想知道在现实生活中哪里可以找到某些产品或服务，如“购买手机卡”；⑤列表类型，用户希望找到一批能满足自己需求的信息，如“南京南站附近餐厅”。

（3）资源类，即用户希望能够从网络中获取一些资源，然后解决现实生活中的问题，进一步细分为：①软件类型，用户希望找到一些能更好地使用计算机的产品或服务，如“下载机器安装软件”；②娱乐类型，用户希望获得的娱乐信息，如“下载泰坦尼克号”；③交互性，用户想直接使用某些服务或网站提供的结果，如“南京天气”；④以资源为基础，用户想获取一定的资源，这些资源不必在计算机上使用，如“优惠券”。

当然，上面的分类是通过手工安排得到的，在实践时可以考虑将机器添加到工作中，即第一步是使用一批语料库进行人工分类器的训练，然后通过构造分类器实现用户查询的自动分类。

大型商业搜索引擎（如谷歌、百度等）每天有数千万甚至数亿用户提交查询来完成搜索。通过对这些用户检索行为的统计分析，可以获得大量有用的信息，大大提高了搜索引擎搜索结果的准确性，提高了检索质量。基于上述思想，Directhit 技术可以提高检索排名的质量。它的主要功能是跟踪用户的后续行为来搜索结果：哪些网站已被用户选中浏览？用户在网站上花费了多少时间？通过这些数据统计，搜索引擎可以提高用户经常选择的站点的权重，并花费大量时间浏览，减少那些用户不太关心的站点的权重。对于新添加的网页，系统会给它们一个默认的权重，它们的重要性取决于用户的行为。

## 三、推荐引擎技术

### （一）概览

随着数字技术的飞速发展和互联网的普及，互联网已经成为存储、发布和获取信息的重要载体。信息的迅速扩展，使人们想要在网上找到他们需要的信息，就像大海捞针一样。信息丰富，但用户却面临着信息焦虑。因此，当前网络应用中最大的问题不是数据的获取，而是内容的过载。

虽然专家们已经开发了搜索引擎来解决信息过载的问题，但是搜索引擎的自动化程度较低，搜索结果参差不齐，用户往往需要逐个浏览才能找到真正需要的信息。有时甚至连用户都不知道有资源，当然，不可能用正确的关键字进行查询，当有别人的推荐时，问题就简单多了。为了解决信息过载的困境，为用户提供准确的推荐，推荐系统应运而生。推荐系统能够自动搜集用户感兴趣的信息，分析用户兴趣，根据用户偏好进行个性化推荐。

系统的推荐对象是产品和服务等项目。根据推荐对象的特点，将推荐对象分为两类：一是以信息为主要推荐对象，本系统主要采用 Web 数据挖掘的方法来分析用户的兴趣，并根据用户的兴趣向用户推荐网络信息；另一个是面向产品的系统，它经常用于电子商务网上购物环境，帮助用户了解他们真正想要的东西，除了实体商店中常见的东西外，还包括电影、音乐、书籍等。

推荐系统的功能可以概括为：①为用户提供个性化的信息服务；②提供其他用户对产品的评价；③向用户推荐个性化的产品服务。个性化推荐系统的主要功能是收集用户数据，通过对这些数据的分析，对用户的兴趣偏好进行个性化推荐。换句话说，每次用户登录到推荐站点时，推荐系统推荐它可能感兴趣并最有可能根据当前用户偏好购买的产品，并根据用户当前的活动和行为实时更新推荐结果。如果系统的产品基础和用户信息发生变化，推荐系统将自动更改推荐顺序。

研究表明，在电子商务系统中采用个性化推荐技术后，销售额可增加 2% 或

8%。同时，它节省了购买的时间和成本，增加了用户对电子商务网站的忠诚度，并将更多的潜在访问者变成了真正的买家。通过向用户推荐相关产品，提高交叉销售的效果，降低企业的销售成本，电子商务企业赢得了更多的发展机遇。

搜集用户信息后，个性化推荐服务系统将其提交给用户模型进行处理。该系统的目的是建立一个模型，以反映用户的特点，并回答消费者的特点。偏好及其购买习惯和行为特征是个性化推荐模块的用户数据基础。

个性化推荐模块根据用户的兴趣偏好和一定的推荐算法，计算出两种推荐结果：客户对任意项目的兴趣和预推荐集。个性化推荐模块将产生一组从大到小的信息项目，或一系列感兴趣大于给定值的建议，并以特定形式呈现给特定用户。

### （二）系统架构

每次用户登录到个性化的商务网站时，推荐系统会根据目标用户的偏好程度向用户推荐最喜欢的项目，并实时更新系统给出的建议。即当商品信息和用户兴趣特征在系统中发生变化时，推荐序列会自动变化，为用户提供更多的检索方便，提高服务水平。

通过分析可知，个性化推荐系统可以抽象为三个主要的功能环节，即先搜集用户信息，然后根据用户信息对用户进行建模，最后在构建的用户模型的基础上，给出个性化服务策略和服务内容。

在个性化推荐服务过程中，首先是获取用户信息。用户信息包括用户的个人基本信息、购买历史记录和浏览记录。购买历史记录主要存储在电子商务网站的后台交易数据库中，记录每个用户先前购买的详细信息，包括购物时间、商品清单、价格、折扣等。同时，还可以收集用户放入购物车但没有购买的项目的记录，以及用户浏览的项目的信息。为了搜集用户的行为信息，日志文件是必不可少的。必须在服务器端获取收集服务器日志并提取特定用户的访问记录。用户浏览的页面和浏览行为可以在客户端或从服务器端的用户记录中获得。

该框架的智能推荐系统由以下几个重要部分组成：

（1）操作数据库：存储与用户操作密切相关的数据，包括产品数据、客户数据、交易数据库等。

（2）数据挖掘引擎：对操作数据库中的数据进行初步挖掘，提取出具有一定相关性和推荐算法直接使用的有意义数据。

（3）数据仓库：清洁后的定期数据存储和初步挖掘，由推荐系统直接操作，包括属性数据、购买数据、产品数据、点击流等。

（4）推荐模型库：存储推荐算法，选择推荐算法并应用于不同的推荐策略。

（5）推荐引擎：主要用于接收推荐请求，运行推荐策略，生成推荐结果。该推荐引擎为推荐算法提供了统一的运行环境，便于推荐算法的编写，并为电子商务推荐系统提供统一的推荐服务接口。

（6）界面管理：管理用户界面和推荐顺序，并向用户提供推荐结果。

推荐系统从信息搜集到推荐生成，每个模块之间的分工如下：

（1）数据清理、转换和加载：数据转换代理对 Web 日志进行清理和转换，数据挖掘引擎对清理后的数据进行初步挖掘，将其加载到数据仓库中，形成规则数据。数据的选择取决于特定的推荐应用程序，例如需要用户评价等推荐模型和需要用户事务数据的关联规则推荐模型。

（2）模型生成：根据推荐的具体应用，提取相应的数据，选择合适的推荐模型为具体应用生成模型，并将其存储在推荐模型库中。如何选择合适的推荐模型取决于具体的推荐应用。

（3）推荐策略配置：推荐策略是推荐过程的配置，包括推荐算法和推荐模型。具体的推荐功能由运行相应推荐策略的推荐引擎实现。推荐引擎提供推荐服务，并且必须具有已经配置的推荐策略。配置的主要任务是修改推荐策略，采用新的推荐模型，然后根据具体的推荐应用推荐策略，并要求推荐引擎启动或重载推荐策略。

（4）推荐服务访问：电子商务系统直接向推荐引擎提供当前用户信息，并要求使用指定的推荐策略生成推荐产品列表。推荐引擎根据电子商务系统的要求运行相应的推荐策略，并产生相应的推荐结果。

（5）业务数据更新：电子商务系统开展在线商业活动，并向用户提供转诊服务。由于新用户新产品不断加入，而用户不断生产新活动，操作数据库也在不断变化，需及时进行更新。

上述子系统、数据库和各种基本操作共同构成个性化推荐系统框架，为用户提供个性化推荐服务。要有效完成推荐任务，实现业务推荐系统的业务目标，就必须依靠开发系统中准确的推荐算法，实现符合用户个性的推荐任务分解以及友好的人机界面等设计。

## （三）关键技术

### 1. 内容过滤算法

基于内容的推荐是信息过滤技术的延续和发展，它基于项目的内容信息，不需要基于项目的评价，因此需要更多的机器学习方法。用户兴趣模型是通过分析用户投票或评估的项目来构建的。然后，使用用户兴趣模型来计算用户对未访问项的兴趣，并选择最可能的项集推荐给用户。

内容推荐算法是基于“资源—用户”关系生成推荐结果，基本过程如下：

（1）在相同的特征空间中，建立资源特征向量和用户描述文件。

（2）根据用户描述文件，比较系统中所有资源特征向量与用户描述文件的相似性。

（3）根据相似度由高到低的排序，向用户推荐相似度超过一定阈值的资源。

为比较项目和用户的利益，必须以同样的方式表达项目和用户的利益模型。目前流行的用户兴趣模型表达方法主要有向量空间模型和概率模型。向量空间模型是以特征项（词、词或短语）作为文本表示的基本单位的文本表示模型。所有特征项构成特征项集，每个文档可以表示为一个向量。由于文档中特征项的频率在一定程度上反映了文档的主题，因此向量的每个组件都由文档中出现特征项的次数表示。

表达项目和用户利益的最直接的方式是使用项目的内容特性。用户兴趣是多种多样的。每个项目使用一系列的特征词来描述内容，然后根据用户访问的项目选择合适的主题词来激发用户的兴趣。

向量空间模型只能表达用户感兴趣的主题词，不能区分用户兴趣之间的差异。概率模型能很好地解决这一问题。该方法首先建立分类模型，然后计算模型上所有项目和用户兴趣的概率分布，这很好地反映了用户兴趣的多样性。但是，该模型的建立和更新耗时，不利于系统的实施。

基于内容的用户数据需要用户的历史数据，并且用户数据模型可能随用户的喜好而变化。通过系统分析，挖掘用户访问日志，自动更新用户兴趣模型是非常必要的。

在表示用户兴趣之后，可以使用项目和用户兴趣模型之间的相似性来筛选项目（即生成建议）。对于向量空间模型，传统的相似度计算方法是计算向量间的余弦相似度。在获得项目与用户之间的相似性后，向用户推荐与用户相似程度最高的项目作为推荐列表。

基于内容推荐的方法具有许多优点，即只根据信息资源和用户兴趣的相似性推荐信息，每个用户独立操作，不需要考虑其他用户的利益。此外，还可以通过列出项目的内容特性来解释推荐项目的原因。虽然内容推荐简单有效，但仍存在一些问题。

（1）无法找到用户感兴趣的新信息，只能找到与用户访问过的项目相似的项目。由于用户的兴趣模型是根据用户访问过的项目建立的，因此推荐给用户的项目仅限于用户访问项目类型的范围，不能为用户找到意外的兴趣。

（2）冷启动问题。当一个新用户访问系统时，它的兴趣模型是空的，因此不可能向用户推荐产品。

（3）只能获得项目特征的部分信息，通常是文本信息，而忽略了图形、图像、音频、视频等内容信息。

针对基于内容的过滤方法的不足，很少将基于内容的过滤方法作为单一的推荐算法，而是作为混合过滤算法的一部分来弥补协同过滤的一些不足。

2. 协同过滤算法

协同过滤又称社会过滤，是研究最广泛和应用最广泛的个性化推荐算法。协同过滤算法不同于以往的文本信息过滤分析技术。它不仅分析了信息本身，而且借鉴了其他人的购买、评价和其他行为信息。

协同过滤技术的出发点是没有人的兴趣是孤立的，它们应该是某个群体的利益，用户对不同信息的评价包括用户对该信息的兴趣或偏好。如果一些用户对某些项目有相似的评级，那么他们也可能对其他项目具有类似的评级。协同过滤算法的基本思想在日常生活中也非常普遍。人们经常根据亲戚朋友或有相同兴趣的人的建议做出决定，例如购物、阅读、听音乐等。协同过滤技术就是将这一思想应用到网络信息服务信息推荐中，在其他用户对某一特定信息进行评价的基础上，向目标用户推荐。

协同过滤的实现过程是：首先，利用一些技术找到目标用户（与目标用户兴趣相似的用户）的近邻，然后根据最近邻的目标条目得分生成推荐。使用预测得分最高的多项作为推荐的用户列表。如何定义用户相似度，选择参考用户组作为最近邻，是协同过滤算法的关键。

基于用户行为信息的协同过滤推荐系统，如用户注册信息、用户评级数据、用户购买行为等，建立用户行为模型，然后利用所建立的行为模型向用户推荐有价值的产品。在实际应用中，推荐系统可以使用的用户数据主要包括以下三种：

（1）用户档案：用户登记的基本个人信息，如姓名、性别、年龄、职业、收入、教育背景等。

（2）产品档案：用户在电子商务网站上购买商品的信息。

（3）用户行为特征：搜索或浏览输入、浏览对象、浏览路径、产品分级、文本评论、浏览行为等。

目前，许多基于用户评价数据的协同过滤算法都是以产品推荐为基础的。用户评分数据可分为显式评分和内隐评分。显式评分是指通过用户的显式输入界面对某些项目进行的数字评分。内隐评分不要求用户直接提供产品评分，而是根据用户在电子网站上的行为特征预测用户在网页信息上的得分。

显式评分有明显的缺陷，因为用户必须暂停当前浏览或读取行为，然后输入项目的评分。另外，由于显式评分不需要客户浏览产品和实现购买过程，不少客户在实际使用中可能忽略这一环节，导致用户评分数据稀疏。研究表明，只有当每个项目都有相当数量的评级数据时，推荐系统才能产生更准确的推荐结果。用户评价数据的极度稀疏直接导致推荐质量的下降。在极端情况下，计算类似的评级是不够的。

协同过滤推荐系统通过分析系统能够捕获的操作，获得隐式评分。这些操作被称为隐含兴趣指示操作，这些操作分为以下几类：

（1）网页的标记：包括向收藏夹中添加网页、从收藏夹中删除网页、将网页保存为本地文档、打印网页和通过电子邮件向朋友发送网页等。

（2）网页编辑操作：包括编辑操作，如裁剪、复制和粘贴、打开新窗口中的链接、搜索网页中的文本和滚动条等。

（3）重复：如果用户在网页上重复某些操作，可能意味着用户对网页更感兴趣，例如网页的打开时间更长，滚动条被一次又一次地拉着，访问网页的行为被重复。

相比之下，内隐评分具有以下优点：

（1）用户不需要输入产品评分，使用更方便。

（2）它可以预测用户访问的任何网页的评分和页面上包含的项目，大大减少了用户评分数据的极度稀疏性。

应该指出的是，内隐评分是通过一些启发式规则获得的，有时是不准确的。同时，隐含利益指示操作的不同组合可能导致利益冲突倾向。

协同过滤推荐系统的输出主要负责输入信息后的系统输出给用户，主要类型如下：

（1）建议：推荐系统的计算推荐结果可提供给客户，推荐系统的性能可分为两类，单一项目建议书和推荐列表。单独的建议比较随意，而推荐列表列出了用户可能喜欢的几个项目。

（2）预测评分：作为推荐商品的一种评价手段，它为客户更好地理解推荐项目提供了一个标准，它是在综合了所有客户的意见之后，从推荐系统中得出的一个价值。

（3）个人得分：输出社区中其他用户的个人得分适用于社区中的用户群体相对较少的情况。

（4）评论：其他用户对推荐商品的评价。

根据协同过滤技术中使用的各类事物的相关性，将协同过滤分为基于用户的协同过滤和基于项目的协同过滤。

1）基于用户的协同过滤：假定人们的行为具有一定的相似性，即具有相似购买行为和相似兴趣的顾客会购买相似的产品。

2）基于项目的协同过滤：假定项目与项目有一定的相似性，客户购买的产品通常是相关的，如客户在购买电子游戏机时也会购买电池和游戏卡。

不同协同过滤算法的推荐模型可以分为三层：上层和底层分别是用户层和项目层，中间层是评分层，将这两层连接起来。各种算法从不同的角度预测用户在新项目上的得分。例如，基于邻居用户的协同过滤算法考虑用户层中用户的相似性，不考虑项目层的项目相似性，而基于项目的协同过滤算法则相反。

基于用户的协同过滤推荐是最早的协同过滤技术，它根据其他用户的意见向目标用户生成推荐列表。它所依据的假设是，如果一组用户对某些项目有类似的评级，他们对其他项目的评价不应有很大差异。

协作过滤推荐系统使用统计技术搜索目标用户的几个最近邻，然后根据项目的最近邻评分预测目标用户在非分级项目上的得分。将预测得分最高的前几个项目作为最终推荐结果，反馈给用户。

有专家认为，协同过滤的运作类似于传统的口碑营销模式，因此将协同过滤的运作分为三个阶段的概念框架。

1）用户输入等级。

2）将同一配置文件的用户分组。

3）将参考资料组的评价综合为建议。

根据该概念体系结构，基于用户的协同过滤算法分为三个步骤：用户项目评分模型的描述、用户最近邻的生成和推荐项的生成。

3. 相关分析算法

关联规则挖掘技术能够发现不同商品在销售过程中的相关性，在零售业得到了广泛应用。关联规则的直观含义是指用户购买某些物品和购买其他物品的倾向。关联规则推荐模型的建立是离线进行的，从而保证了有效推荐算法的实时性要求。发现关联规则的算法很多。有兴趣的读者可以参考相关文献。

关联规则的推荐算法可分为两个阶段：离线关联规则推荐模型的建立和在线关联规则推荐模型的应用。在离线阶段，利用各种关联规则挖掘算法建立关联规则的推荐模型。这一阶段很费时，但可以进行离线循环。在线阶段根据建立的关联规则推荐模型和用户的购买行为为用户提供实时推荐服务。

使用关联规则推荐算法生成推荐的步骤如下：

（1）根据每个用户在交易数据库中购买的所有商品的历史交易数据，创建每个用户的交易记录，从而构建交易数据库。

（2）利用各种关联规则挖掘算法在构建的事务数据库中挖掘关联规则，得到所有满足最小支持阈值、最小支持度和最小置信阈值、最小集的关联规则，并将其记录为关联规则集 A。

（3）删除用户已从候选人推荐集中购买的物品。

# 参考文献

[1] 郭俊杰 . 大数据下 AI 在计算机网络技术中应用研究 [J]. 网络安全技术与应用 ,2023,266(02):161-163.

[2] 海连 . 大数据背景下计算机科学与技术的应用探讨 [J]. 数字技术与应用 ,2023,41(01):49-51.

[3] 韩育芳 . 大数据背景下计算机技术在艺术领域的应用研究 [J]. 数字通信世界 ,2023,217(01):96-98.

[4] 李思 , 刘朝玉 . 大数据时代人工智能在计算机网络技术中的运用探讨 [J]. 大陆桥视野 ,2023(01):46-48.

[5] 墙浩煊 . 大数据技术在计算机信息安全中的应用研究 [J]. 自动化应用 ,2022(12):97-100.

[6] 周金付 . 大数据下的计算机信息处理技术探讨 [J]. 数字技术与应用 ,2022,40(12):7-9.

[7] 张利兵 . 大数据时代人工智能在计算机网络技术中的运用 [J]. 数字通信世界 ,2022,216(12):87-89.

[8] 马越 . 大数据及人工智能技术的计算机网络安全防御系统设计 [J]. 中国新通信 ,2022,24(24):132-134.

[9] 贾靖仪 . 计算机大数据与云计算技术的应用 [J]. 电子技术 ,2022,51(12):172-173.

[10] 戴昀 , 居巍杰 . 大数据技术在计算机课程教学中的影响分析 [J]. 电子技术 ,2022,51(12):80-81.

[11] 钟瑞颖 . 大数据背景下医院计算机网络信息安全技术应用实践探析 [J]. 电脑知识与技术 ,2022,18(35):73-75.

[12] 徐培培 . 大数据与计算机软件技术的应用 [J]. 集成电路应用 ,2022,39(12):170-171.

[13] 卢泉 . 大数据时代计算机软件技术的应用 [J]. 中国新通信 ,2022,24(23):54-56.

[14] 郑飞 . 大数据视域下的计算机网络安全建设及关键技术研究 [J]. 中国管理信息化 ,2022,25(23):156-158.

[15] 裴丽君 . 基于大数据技术的计算机网络应用软件开发方法设计 [J]. 智能计算机与应用 ,2022,12(12):138-141.

[16] 张江 . 大数据时代人工智能在计算机网络技术中的应用 [J]. 黑龙江科学 ,2022,13(22):103-105.

[17] 孙云 . 基于云环境的大数据计算机处理技术分析 [J]. 长江信息通信 ,2022,35(11):158-160.

[18] 丁丽英 , 杨淳 , 王跃婷 . 大数据时代计算机软件技术的应用研究 [J]. 软件 ,2022,43(11):40-42.

[19] 张侃 . 大数据时代计算机信息安全处理技术研究 [J]. 电子技术与软件工程 ,2022,240(22):6-9.

[20] 张成 . 大数据技术在计算机信息安全中的应用分析 [J]. 黄河科技学院学报 ,2022,24(11):49-54.

[21] 米加威 . 基于大数据的多源信息融合技术在电力系统中的研究及应用 [D]. 天津理工大学 ,2019.

[22] 张颖超 . 大数据对高等教育发展的影响研究 [D]. 重庆大学 ,2016.

[23] 杨博 . 人与计算机技术之关系的生态研究 [D]. 沈阳工业大学 ,2015.